U0137758

总主编 周卓平 蒋 柯

做情绪的主人

情绪管理与健康指导手册

第八册

构建和谐的亲子关系

本册主编 梅思佳

上海教育出版社
SHANGHAI EDUCATIONAL
PUBLISHING HOUSE

目录

和谐的亲子关系是
最好的家庭教育

构建和谐的亲子关系

【知识导图】

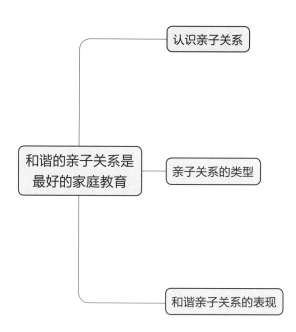

认识亲子关系

从遗传学角度，亲子关系是指亲代和子代之间的血缘关系；从社会学角度，亲子关系是指社会关系中父母和子女之间的关系，主要是在法律、制度和地位等方面的关系。

每个家庭的亲子关系是不一样的，每个人对于亲子关系的理解也是不一样的。一般而言，亲子关系是直系关系中最亲近的一种关系，是每一个人成长历程中最初形成的人际关系。亲子关系具有不可选择性、永久性、亲密性和权利义务的特殊性四个特点。

第一，不可选择性。亲子关系是血统基础上的社会关系。相对其他社会关系（如夫妻关系）而言，亲子之间的血缘关系是无法选择的。父母只要生育子女，就不能回避与子女的亲子关系，从孕育孩子开始，这种亲子关系就开始存在了，即使后来过继或领养都无法改变这种有血缘的亲子关系的存在。

第二，永久性。亲子关系一旦产生就是永远的，是任何外来的力量都无法改变的事实。亲子关系不像夫妻关系那样可以通过离婚来结束，即使父母双方离婚，离婚后父母双方也都有赡养子女的责任和义务。亲子关系的永久性还体现在，即使到了生命的终点，亲子关系依旧存在。

第三，亲密性。亲子关系具有其他任何关系都无法代替的天然的血缘关系，父母在培养教育子女的过程中，与子女之间的亲情是孩子学习和与人交往的最基本情感，而亲子间保持亲密性，最重要的就是父母对孩子的陪伴。

第四，权利义务的特殊性。即父母对子女的教育抚养与子女对父母的赡养之间的权利和义务是双向的。不同于其他社会关系，亲子关系不是可有可无的，也不是可以随意结束与放弃的。抚养子女以及赡养父母的权利和义务不仅有道德的约束，同时也有相应法律的约束。

记下你的心得体会

【知识卡】

在家庭系统中认识亲子关系问题

人与人之间的关系是从家庭开始的，个体对世界最初的经验是在家庭之中或借由家庭才产生的。因此，亲子关系是人一生中拥有的最重要的人与人之间的联系，亲子关系是否和谐对家庭的每一个成员都会产生影响。然而，目前提到亲子关系问题，大多数人会从单一方面看待这个问题，即强调父母的作用，强调父母对孩子的影响。其实，亲子关系问题实质上是整个家庭系统的问题。

家庭治疗大师鲍恩（Murray Bowen）提出的家庭系统理论认为，家庭系统由具有亲属关系的家庭成员组成，在这个系统中，每个成员都有自己的位置和角色，家庭成员之间相互关联、相互作用，形成了夫妻、亲子、同胞等各种关系，这些关系并不是孤立存在的，而是从属于家庭系统的子系统，其中任何一个家庭成员的变化都会引起子系统的变化，而每个子系统的变化也会引起其他子系统的变化，最终影响整个家庭系统。反之，整个家庭系统的变化，也必然会影响各个子系统的变化进而影响到每个家庭成员的发展。

从家庭系统来看，家庭生活是一个发展变化的过程，它从过去而来，向着未来而去，从组成家庭到步入老龄家庭阶段，不同阶段有其不同的特点，不同的阶段也可能会出现不同的问题。亲子关系问题是家庭发展生命周期中家庭系统暂时出现的失衡问题，蕴含着发展的契机。家庭内部的关系系统之间会相互影响。例如，夫妻关系很紧张，而妻子无法控制自己的愤怒将其转移至子女，夫妻关系便会影响亲子关系。因此，亲子关系的问题也可能是受家庭系统中其他子系统的负面影响。此外，家庭系统遵循的是一种循环影响的原则，即 A 影响 B，B 同时也影响 A。从这个意义上而言，亲子关系出现问题，必然是父母与孩子之间的互动出现了问题。因此，父母也应带着整体性、发展性、动态性的态度来看待和处理与孩子之间的关系问题。

亲子关系的类型

俗话说："家庭是孩子的第一所学校，父母是孩子的第一任老师。"早期生活中的情感经历对于孩子来说是极其重要而敏感的，尤其是他们与父母的关系。在孩子的成长发展过程中，有的孩子活泼、友好、自主、独立，但有的孩子显得退缩、冷漠、自私、专断。这些差异是如何形成的？我们不排除先天的遗传因素的影响，先天的遗传因素是性格发展的基础，但后天环境对孩子性格的形成更为重要。研究发现，亲子关系与孩子性格形成有着密切的联系。

总体而言，亲子关系主要包含以下四种类型。

第一种：溺爱型亲子关系。在溺爱型亲子关系中，父母对孩子过分宠爱，很少向孩子提出要求或者对孩子进行限制，对孩子有求必应。父母过度在乎孩子的安全问题，给予孩子过多的照顾与保护。父母对孩子没有管制只有宠溺和放任，孩子可以对父母提要求，按照自己的意愿安排学习和生活。遇到孩子犯了错误，一般也很少会斥责和惩罚。在溺爱型亲子关系中长大的孩子，往往比较自信，也有较高的自尊，主动性会比较好，但他们独立性差，依赖性强，抗压能力弱，缺乏创造性，缺乏独立自主性，不懂得理解和尊重他人，自我感觉良好，脾气较差。

第二种：**忽视型亲子关系**。在忽视型亲子关系中，父母对孩子的成长和教育不闻不问，没有时间，没有精力，也没有能力教育孩子，与孩子之间很少沟通、感情冷漠。即便孩子遇到问题，父母也不会太上心，不予理会甚至敷衍了事，容易与孩子产生"隔阂"。处于忽视型亲子关系中的孩子，与父母缺乏亲密的关系，时常感到孤单，性格多数自卑、内向，缺乏意志，自我控制能力较差，注意力容易分散。

第三种：**专制型亲子关系**。在专制型亲子关系中，父母以高控制、高压力的方法对待孩子，向孩子提要求而不与孩子商量，力图使孩子的行为与父母的目标保持一致，与孩子之间缺乏沟通，不采纳孩子的意见。专断地为孩子安排好一切，认为自己所做的一切都是为了孩子好。专制型亲子关系往往是比较紧张的，孩子可能过度压抑和自制，他们的人生大多按照父母的规定进行，有可能会成长为缺乏自主意识、独立性较差、过度依赖的孩子，也有可能成长为叛逆倔强、固执任性的孩子。

第四种：民主型亲子关系。 在民主型亲子关系中，父母对孩子是慈祥的、诚恳的，善于与孩子交流，支持孩子的正当要求，尊重孩子的需要，积极支持子女的爱好、兴趣，同时对孩子有一定的控制，常对孩子提出明确而合理的要求。处于民主型亲子关系中的孩子，懂得自我控制和自我约束，孩子的独立性、主动性、自我控制、信心、探索性等方面发展较好，是一种较为理想的亲子关系。

综上，亲子关系主要包括溺爱型、忽视型、专制型与民主型四种类型，不同的父母有着不同的教养风格，不同的教养风格形成不同的亲子关系，不同的亲子关系塑造不同的孩子。亲子关系会潜移默化地影响孩子的一生。

和谐亲子关系的表现

孩子与父母的关系，决定了孩子与他人乃至整个世界的关系。如果孩子和父母之间是一种和谐、有效的良性互动模式，孩子的思维方式将更积极，在与人交往、探索外部世界时，就更加得心应手。和谐的亲子关系是最好的家庭教育。那么，和谐的亲子关系具有哪些表现呢？

第一，双向的爱和关心。良好、持久的关系，从来不是单方面的付出，而是让双向的爱和关心在彼此之间流动。亲子关系亦然——父母爱孩子，孩子也懂得爱父母。父母对孩子的爱是这世间最不容置疑的，而最糟心的就是父母明明很爱孩子，用尽了力气给孩子最好的东西，孩子却感受不到父母的爱，对父母不仅没有感恩之情，更多的反而是抱怨和抵触。要化解这样的僵局，父母除了要努力让孩子感受到自己的爱以外，更重要的是要培养孩子感知爱、表达爱的能力。一方面，父母可以通过陪孩子阅读绘本、听故事等方式帮助孩子提升爱的感知力，学会表达自己对父母的爱；另一方面，当孩子向父母表达爱时，父母也要给予积极的回应。有时候，和孩子一起阅读绘本时，孩子会说："妈妈，我好喜欢你给我读这个故事。""爸爸，我好喜欢你送给我的这本书。"

这个时候，父母可以这样回应："听到你这么说，我觉得很幸福。"好的亲子关系，就是帮助孩子去捕捉每一个爱的瞬间，不仅让孩子被爱、拥有爱，还能让孩子感知爱、表达爱。

第二，积极地分享。在日常生活中，我们不难发现，人与人之间关系越亲密，就越会彼此进行分享。父母与孩子之间也是如此。有人曾经对 1 000 余名青少年做过一个调查："当你有了心里话，你最想和谁说？"结果显示，只有 20% 左右的青少年选择跟父母说，而且随着年龄的增长，这一比例也在逐渐下降。其实，我们自己也有过这样的感受。小时候回到家，恨不得把学校里发生的所有事，有趣的、受委屈的、开心的、无厘头的事都想讲给父母听，可是后来到了中学、大学，说得就越来越少了。这背后的原因，除了随着我们长大，同伴关系比重变大以外，很重要的一点，就是我们对父母的依赖变少了，甚至对有些孩子来说，对父母的信任也减少了。不知道大家是否遇到过这样的情况，当孩子严肃认真地把自以为很重要很重大的事情告诉父母时，父母听了却表示不以为意；当孩子满心期待地把95分的卷子拿给父母看时，父母却只关注那丢失的5分……慢慢地，孩子有什么话也变得不喜欢和父母分享了。因此，愿意分享、喜欢说"废话"的孩子，表达的是对父母的信任与依赖，尤其是当孩子受到委屈或者遇到困难，向父母求助的时候，孩子愿意与父母分享他的委屈或困难也就意味着他们相信父母愿意也能够守护他们，成为他们最坚强的后盾。

第三，平等有效地沟通。和谐的亲子关系，离不开平等、有效的沟通。通过沟通，父母和孩子之间互相理解，既能增进亲子关系，也有利于高效地解决问题。良好的沟通，也会给予孩子力量，孩子更加自信、积极，从而自觉地努力向上，让自己变得更好。然而，许多现实家庭中，虽然孩子和父母一直生活在一起，生活在同一个屋檐下，却几乎没什么话可说，或者一开口就引发争吵。亲子关系和谐的家庭，父母从来不会忽视、敷衍孩子，对于孩子说的话都会给予积极回应，认真倾听孩子的想法，接纳、理解

记下你的心得体会

孩子的感受，并和孩子展开讨论，为孩子提供适当的帮助。

第四，有恰如其分的界限感。没有界限感的亲子关系是痛苦的。在有些家庭中，父母对待孩子就像对待自己的一件物品，而不是对待一个独立的人。例如，父母会侵犯孩子的隐私，孩子的所有事情，父母都想要知道；事事包办，过度保护孩子，把本属于孩子的责任都揽在自己身上；控制欲强，按照自己的喜好来安排孩子的一切，忽视孩子真正的感受和需求，不允许孩子有自己的想法和自己作决定；把自己的愿望和目标强加在孩子身上，逼着孩子成为自己期望的样子。超过界限的爱和关心，只会让孩子感到窒息、痛苦、压迫，从而导致孩子和父母的距离越来越远，或者憎恨、反抗父母。和谐的亲子关系使父母和孩子在保持亲密的同时，又各自独立。随着孩子的成长，父母要懂得逐渐退出，不过度干涉和包办，让孩子承担起个人成长的责任，锻炼各项能力，学着独立。与此同时，父母要尊重孩子的想法和志向，允许孩子自己作决定，只在需要的时候为孩子提供帮助。父母和孩子各自独立，还意味着父母在陪伴孩子成长的同时，对自己的人生负责，坚持自我成长，过好自己的生活。有界限感的亲子关系，才能为父母和孩子提供能量，实现亲子共同成长。

【知识卡】

高质量的陪伴才能赢得和谐的亲子关系

亲子关系是所有家庭教育中的核心问题，家庭教育中的大多数问题，都能在亲子关系中找到答案。和谐的亲子关系是亲子教育的基础。教育界有句名言："先有关系再有教育，没有关系就没有教育。"很多家庭功能失调，亲子关系紧张的根本原因，不是缺乏教育和知识，而是缺少高质量的陪伴。

高质量的陪伴需要父母有固定时间陪伴孩子。虽然高质量的陪伴孩子不一定是全天都陪在孩子身边，但建议父母每天在固定的时间全身心地陪伴孩子。比如，每天晚上抽出20分钟或者周末抽出半天或者全天的时间。父母要有专门陪伴孩子的时间。在这段时间里，父母完全属于孩子，陪孩子做游戏、画画、阅读，或者只是坐下来聊聊天，说说心里话……在这个陪伴的过程中，孩子的收获远比他们学会怎样画画、怎样阅读多得多，孩子感受到父母对他的重视，也感受到与父母之间的情感连接。

高质量的陪伴还需要父母都加入陪伴的行列。哪怕有时候是父亲陪伴，有时候是母亲陪伴，有时候是父母一起陪伴，但父母一定要加入陪伴孩子的行列，这样孩子才能感受到父爱与母爱是同时存在的，而且当父母专注地陪伴孩子做一件事的时候，孩子也能够深切地感受到安全与自由。

高质量的陪伴需要父母处于"走心"的状态。所谓"走心"，就是陪伴孩子的当下是全身心的、专注的、投入的状态，是与孩子在安全、放松、愉悦与亲密的状态下进行互动。这样的状态父母和孩子双方都能有所感知。当孩子有需要的时候，父母能够及时地给予回应，并给予帮助和支持。在陪伴孩子的过程中，难免会遇到孩子发脾气、闹情绪的时候。这时，父母要做的就是接纳和感受孩子的情绪，而不是第一时间试图压制孩子的情绪。当父母耐心地感受孩子的情绪，并表示对孩子的理解以后，孩子的内心需求就得到了满足，情绪就会自然地平静下来，更有力量去探索未知的世界。

小结

1. 从遗传学角度，亲子关系是指亲代和子代之间的血缘关系；从社会学角度，亲子关系是指社会关系中父母和子女之间的关系，主要是在法律、制度和地位等方面的关系。

2. 亲子关系具有不可选择性、永久性、亲密性和权利义务的特殊性四个特点。

3. 亲子关系有溺爱型、忽视型、专制型和民主型四个类型。

4. 和谐的亲子关系表现为双向的爱和关心，积极地分享，平等有效地沟通，以及有恰如其分的界限感。

反思·实践·探究

小钱是家里的独子，从上幼儿园那会儿，小钱就经常抢别人玩具，欺负个子小的小朋友。每当起争执，小钱的母亲都会站出来充当他的保护神。总之，无论小钱做错了什么，小钱的母亲认为，都是别的小朋友不对。

上小学以后，小钱经常欺负班里的同学，在小钱的字典里，他做什么都是对的，错的总是别人。每天放学回家，小钱总是不停地抱怨，今天抱怨老师不公平，明明抱怨他和大家一样都举手了，老师却不叫他，而当他不举手的时候，老师偏偏提问他，老师专门和他作对，出他的洋相。明天抱怨同学们孤立他，不和他玩，明明玩得很开心，看到他走过去，就各自散了。每当此时，小钱母亲都在一旁附和着："嗯嗯，学校不好，老师不公，同学也不友好。"最后都会安慰一句："别理他们，反正有妈养你，怕什么！"

一开始老师还多次与小钱父母沟通，希望小钱父母能协助老师，帮助小钱改正一些毛病，与同学友好相处。但小钱的母亲总是明里暗里为小钱辩护，话里话外全是老师偏袒别家的孩子，给自家孩子穿小鞋。久而久之，老师慢慢就不再管小钱。

初中毕业后，小钱进了一家技校学汽车修理。学了不到两年，小钱觉得汽车修理没有前途，每天不是在车头就是在车底，浑身上下全是机油，觉得人生虚度了。于是，小钱辍学回家了。头两年，小钱母亲逢人就说，我的孩子太嫩了，在家养几年，等大一点儿自然让他出去工作。小钱每天睡到中午，吃过午饭后就上网打游戏，直打得天昏地暗，过了夜里十二点才睡觉。玩着玩着，就伸手向母亲要钱充币，一开始每天要三五元。母亲看小钱天天在家很乖，除了玩电脑游戏，哪里也不去，每次都很爽快地给钱。后来，慢慢地，一次要几十元、几百元，小钱母亲慢慢觉得吃力了，就四处托人帮小钱找工作，并对小钱说，妈妈养你这么大了，从此以后你应该自己挣钱了。

由于没有学历也没有工作经历，小钱只能找一些简单的体力工作。超市理货员的工作干了不到一周，小钱就抱怨每天爬上爬下理那么多货，浑身骨头都快累散架了；饭店服务员的工作干了不到两周，小钱就抱怨食客太刁钻，一会要纸巾，一会要加水，不愿意干了。小钱继续每天待在家里，沉湎于电脑游戏，还学会了抽烟，并伸手向母亲要钱买烟。一开始，

构建和谐的亲子关系

母亲节衣缩食地供给，小钱就日日夜夜抽烟，抽得家里乌烟瘴气。慢慢地，小钱母亲颇有怨言，小钱就天天在家拍桌子摔椅子，闹得家里鸡飞狗跳，邻里不得安宁。再后来，小钱突然不吵也不闹了。他每天早出晚归，对母亲说出去工作了，母亲以为小钱长大懂事了，却不知道小钱开始偷父母值钱的东西出去变卖。直到有一天，母亲发现家里值钱的东西越来越少，才明白了事情的真相……

1. 小钱的母亲和小钱之间属于什么类型的亲子关系？

2. 当小钱遇到困难与挫折的时候，小钱父母该怎么正确引导？

父母的过度焦虑是亲子关系的最大『杀手』

构建和谐的亲子关系

【知识导图】

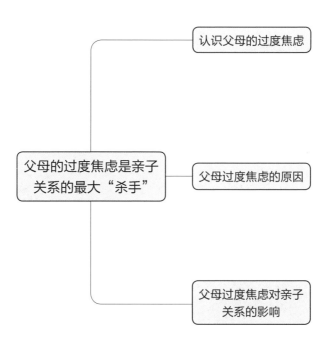

认识父母的过度焦虑

谈到父母与孩子的关系，笔者曾经网络上看到过这样一句话，印象特别深刻："父母在等孩子道一声"感谢"，孩子却在等父母说一声'抱歉'。"这句话引起许多父母的共鸣，为什么呢？可能正是因为它说出了父母与孩子之间"爱恨交织"的复杂关系。

毫无疑问，父母是这个世界上最爱孩子的人，但父母的爱也会给孩子带来伤害。很多孩子可能在长大后都会记得，小时候因为某一次考试考砸了而被父母责骂，或因为和小伙伴闹别扭而被父母指责。如果现在再与自己的父母说起这段回忆，父母可能会说："你那时学习不上心，骂你也是为了你好啊！""我这样做也是为了让你记住教训啊！"这种"相爱相杀"的模式，几乎在每个家庭中都会上演。在有孩子前，你可能会无数次地提醒自己："我绝对不会像我的父母那样对待我的孩子。"可真正做了父母以后，你却发现，自己不知不觉"继承"了他们的方式，结果可想而知。明明很爱孩子，孩子却不领情，为什么和孩子建立亲密的关系就这么难？难道真的只是因为孩子不懂事、不知感恩吗？

你是否发现，其实，你向孩子表达的爱中，带着强烈的焦虑。几乎 99% 的父母都摆脱不了这样的焦虑情绪，这种焦虑情绪自孩子出生开始就已经产生了，并且融入教育孩子的方方面面。例如，有些父母从小就担心孩子的能力发展不如别人，于是，给孩子报各种培训班，学唱歌、学跳舞、学下棋……把每一天都排得满满的。当孩子开始上小学以后，父母又开始为他的学习而焦虑，担心他考试成绩不好，考不进重点中学，将来上不了理想的大学……而当这些焦虑融入父母的爱里时，可能就变成对孩子的批评、指责与挑剔。

父母过度焦虑的原因

在中国，父母对孩子教育过度焦虑是普遍存在的。2018 年 9 月，智课教育联合新浪教育共同发布的《中国家长教育焦虑指数调查报告》指出，有68%的受访家长对孩子的教育感到"非常焦虑"和"比较焦虑"，仅有6%的家长表示"不焦虑"；而小学则是父母感到最焦虑的时段之一。2021年7月，由中共中央办公厅、国务院办公厅印发的《关于进一步减轻义务教育阶段学生作业负担和校外培训负担的意见》实施以后，父母的教育焦虑在一定程度上有所缓解，但仍然存在着一定比例的父母对子女教育感到焦虑。2022年3月，由北京师范大学中国教育与社会发展研究院联合发布的《全国"双减"成效调查报告》显示，有32.6%的家长为让子女上好学校常常感到很焦虑。

李某是一位事业非常成功的妈妈，对自己上五年级的女儿王佳抱有很大的期望。希望自己的女儿能够好好学习，将来考上好的大学，也可以有一份自己的事业。因此，李某非常重视女儿的学习，经常要求女儿一丝不苟地完成她布置的学习任务，希望女儿能够和她一样，严格要求自己。每个周末，李某都将王佳的时间安排得满满的。由于王佳快要升初中了，李某又多给王佳报了两个补习班，这让本来时间就被安排很紧的王佳，一下子没有一点儿空余时间，晚上也要学到很晚才能睡觉。在这种高强度的学习状态下，王佳的成绩变得极度不稳定，忽高忽低。

最近的一次月考，王佳成绩位列班级倒数第五，李某终于控制不住地向她怒吼："你是猪吗？你的脑袋里装的是豆腐渣吗？怎么这么笨啊？"面对李某的斥责，王佳选择用沉默回应，看着桌子上女儿满是红叉的考试卷，李某不禁深叹了一口气，继续指责："我这么辛苦地赚钱，接送你上下学，上学习班，为了谁？不都是为了你好吗？你就不能再努力吗？"终于，王佳崩溃大哭，并一个劲地和妈妈道歉："对不起，是我的错，是我太笨了，是我太差了……"

从上述案例中，我们可以发现，李某给女儿王佳设计的未来生活，是一个高标准的生活，希望通过教育能让孩子达到这样的生活状态，同时也担心孩子达不到该怎么办，所以会对孩子的教育感到焦虑，无形之中就把这样的焦虑传递给了孩子。

那么，为什么父母对于孩子的教育会产生过度的焦虑呢？

不确定性理论认为，个体之所以会产生焦虑，是因为个体感知自身无力预测和控制外界刺激以及这些刺激可能导致的结果。也就是说，当你感觉越不确定，你就会感觉越无力，从而带来一系列心理、生理和行为反应，如失眠、认知障碍、失去自控力等。当前，中国父母对于孩子教育的焦虑主要来源于优质教育资源的不均衡以及父母的教育观和教育期望。

第一，优质教育资源的不均衡。当前我国优质教育资源依然缺乏，义务教育还存在着严重的地区之间、城乡之间和学校之间的不均衡，"有学上"的问题已基本解决，但"上好学"的问题依然存在。一方面，父母希望孩子能上好学校；另一方面，教育发展不平衡使得优质的教育资源供不应求，导致父母对孩子接受良好教育的期望异质化，加剧了教育焦虑。例如，重点学校制度推动了重点学校优先获得更多的优质资源，包括硬件设备、优良师资与生源等，导致教育资源的转移与不均衡分配，拉大了重点学校与非重点学校之间的差距，加剧了升学竞争。教育不均衡的现实与人民群众接受良好教育的期待存在着强烈的反差，由此给社会公众的心理带来了巨大压力，而父母的焦虑在一定程度上则是这一压力的集中体现。与此同时，我国当前的教育评价体系依然是以考试成绩作为重要指标的，在一定程度上增强了教育结果的不确定性和不可控性，诱发了父母对孩子未来发展的失控状态。优质的教育资源固然有客观上的稀缺性，但引起父母过度焦虑的不可忽略的因素是父母主观上的资源稀缺，即竞争、排名，而不是教育资源绝对量的差异导致主观感受到的稀缺。例如，尽管一线城市教育资源比其他地区更为充裕，但一线城市的父母恰恰更焦虑，很多孩子即使考上了好学校，但在优等生众多的环境里难以具有突出优势，父母的焦虑仍然得不到缓解。

第二，父母的教育观和教育期望。中国自古以来就有"学而优则仕"的传统而深刻的文化心理，"万般皆下品，唯有读书高"

似乎成为万千父母的信条，凸显了父母对子女教育的重视。父母的教育期望通常是父母基于客观条件对孩子未来教育成就的信念或判断，不仅包括宏观的对教育环境期望，还包括对家庭和个人的教育条件的期望。父母对孩子教育的焦虑可以由各种与孩子教育相关的刺激触发，但这些刺激通常与父母自身的目标相关联，他们把自己的目标投射到孩子身上，将孩子成功与否看作自己成功与否的主要指标之一，他们对孩子期望较高，并间接地体验孩子的成功与失败。一般来说，父母对孩子的期望越高，就越会感到焦虑。对孩子具有较高教育期望的父母，往往可能脱离孩子的实际情况而设定过高的目标，例如，希望孩子能够取得更好的成绩，却忽略了孩子自身的学习能力与学习现状，当孩子的学习表现并不尽如人意导致期望落空时就会产生各种焦虑。与此同时，过度焦虑的父母也可能会通过给孩子施加压力来追求孩子学业成就的提升，同时也会担忧孩子的身心健康，由此产生的心理矛盾也会进一步加剧自身的焦虑。

记下你的心得体会

【知识卡】

情绪感染理论

麦独孤（William McDougall）最早将情绪感染定义为"通过原始性交感神经反应产生的情绪直接感应法则"。之后，有关情绪感染的定义很多，大多数研究者认为，情绪感染是由他人情绪引起的并与他人情绪相匹配的情绪体验，是一种情绪传递的过程。但是就"情绪感染是自动化的还是有意识努力的"这一问题，研究者莫衷一是，由此将情绪感染区分为原始性情绪感染和意识性情绪感染两类。原始性情绪感染理论认为，情绪感染是一种在个体之间发生的情绪传递过程，而这个过程通常具有自动、无意识的特点，个体之间之所以会发生情绪感染，是因为人具有自动化地、无意识地模仿他人的倾向性。意识性情绪感染理论则认为，情绪感染并不是一个无意识过程，而是一个有意识参与的过程，是情绪的"移入"与"调节"的过程。然而，由于意识性情绪感染理论的研究还存在诸多不明确之处，此后，大多数研究者倾向于支持原始性情绪感染理论。

关于情绪感染的发生机制，最具影响力和说服力的是模仿—回馈机制。研究者通过观察发现，人类倾向于模仿周围人的面部表情、言语表达、动作和行为。在这一过程中，主体的情绪体验会受自身面部表情以及其他非言语线索的影响。

情绪感染的第一个阶段是模仿。人们倾向于模仿他人的情绪表达，包括面部表情、语调、姿势、动作等。英国古典经济学体系建立者亚当·斯密（Adam Smith）在《道德情操论》一书中就记录到当人们把他们自己想象为在另一种环境状态下时，他们会呈现出一种主动性的模仿。亚当·斯密认为，这种模仿是一种天然的回应。此后，研究者又收集了大量证据，表明人们确实倾向于模仿他人的情绪表情。例如，社会心理学家发现，面部模仿总是即时出现，人们看上去能够感觉到他人每时每刻微妙的情绪变化。人们的情绪体验和面部表情，至少能反映他观察的对象的情绪变化。

情绪感染的第二个阶段是回馈。回馈即主体的情感体验时刻受面部表情、语调、姿势、动作等模仿带来的反馈与刺激的影响。理论上，情感体验是基于脑神经中枢发出的模仿指令，形成面部表情、语调、姿势、动作等输入性回馈，是一个无意识的自我认知过程。在这一过程中，个体根据自身收到的输入性回馈，推断自身的情绪状态。此外，声音回馈也能够影响情感体验。哈特菲尔德（Elaine Hatfield）及其同事通过研究指出，情绪与语调、声音质量、节奏等具有关联。谢勒（Klaus Scherer）也发现，当人们高兴的时候，他们的声音在空气中的振幅较小、斜率较大、语言节奏较快、声音尖锐，于是他制作了五盘录音带用于处理高兴、喜爱、愤怒、恐惧和悲伤时的声音特点，并发现个人的情绪受其自身发出声音的影响。另外一些研究成果也显示，情绪受姿势与动作的反馈影响。

父母过度焦虑对亲子关系的影响

在对待孩子教育这件事上，很多父母可能觉得自己是过来人，社会经验比孩子丰富，很多事情都经历过，为了让孩子少走弯路，不走错路，觉得孩子就该听从父母的安排。然而，孩子却偏偏不领情。于是，许多父母依然不明白，为什么我这么爱孩子，为了孩子好，到最后我对孩子的爱却成了亲子关系恶化的导火线，甚至成为亲子冲突的催化剂？其实，这都是因为父母的过度焦虑造成的。父母的过度焦虑并不利于亲子关系的建立与维护，它既容易破坏亲子之间的情感关系，也容易扭曲亲子之间的责任关系。

第一，父母的过度焦虑容易破坏亲子之

间的情感关系。情感是所有重要人际关系，特别是亲子关系的核心成分。情感可以分为两种形态，即爱与喜欢。其中，爱的本质是依恋与亲密，表现为对对方的关切、不计回报地付出、利他、包容与接纳；喜欢则含有欣赏、敬佩与相互投合的成分。然而，许多父母对孩子的爱并不等同于喜欢孩子的所有方面，也并不等同于接纳和理解孩子。有研究显示，中国母亲和欧裔美国母亲都强调爱孩子的重要性，但前者是为了培养一种亲密的、长久的亲子关系，后者是为了培养孩子的自尊。的确，中国父母特别重视维持亲子之间的长久联结和血缘亲情，尽管不同家庭亲子情感亲密度并不一样。"一切为了孩子"似乎成为大多数中国家庭中父母的情感宣言和努力宗旨。尤其是独生子女家庭，父母对独生子女的关爱甚至达到"全方位全过程"的程度：从关注学习成绩到关注人际交往，从关注吃饭睡觉到关注衣着打扮，从关注品行习惯到关注生活自理……期望自己的孩子在各个方面都能令人满意，不落于人后，恨不得每件事情每个细节都能为孩子规划安排

到位。于是，我们常常会在亲子争吵中听到
这样一句话："我都是为了你好。"就是这样
一句简单的"我都是为了你好"却可能成为
情感上"捆绑"孩子的权威理由。合理的关
爱是一种积极的亲子互动，但对孩子的高期
待、高要求与严控制却可能会对亲子情感关
系造成消极的影响。"我都是为了你好"看
似饱含父母之爱，却是父母自身焦虑的折
射，并未尊重孩子的需要和想法，会导致亲
子关系紧张与冲突。

第二，父母的过度焦虑容易扭曲亲子之
间的责任关系。中国人的血缘亲情主要通过责
任表现出来，对待家人的原则是责任原则。在
血缘亲情中，彼此讲责任，彼此对对方"做
其所当做之事，尽其所当尽之责"，而并不期
望对方给予对等的回报。中国的文化是集体
主义文化，强调个人与集体之间的关系，认
为个人的行为和利益应该服从集体的利益，
强调了个人的责任和义务与集体相关。在家
庭中，父母会以家庭利益为出发点来教育子
女，他们很可能将孩子的成就纳入他们对自
己的看法，并将他们的价值建立在孩子的成

就上。因此，无论是传统的"家庭本位"，还是当代的"孩子本位"，孩子都与家庭捆绑在一起，孩子的利益在一定程度上也是父母和家庭的利益，孩子的成败也被视为家庭和父母的成败，孩子未来的成功与一个家庭的繁荣幸福息息相关，一荣俱荣，一损俱损。这就强化了父母的角色责任，促使他们对孩子教育进行了大量投入，并对未来作出长远规划。许多父母很早就为孩子规划了"好大学—好工作—好生活"的理想之路，并为此奉献和拼搏。在父母投入大量时间、精力和金钱的"密集型养育"下，一批"鸡娃""牛娃"涌现，进一步加剧了整个社会的教育不均衡和焦虑。结果父母累，孩子更累，为了将来的前途牺牲了当下的快乐。尤其是对于没有兄弟姐妹的独生子女来说，父母更想尽最大努力把孩子培养成在将来竞争中能立于不败之地的强者，这些都可能会成为孩子巨大的压力来源，不利于孩子的身心健康，甚至不利于孩子的未来发展。与对父母责任感的强化相比，孩子的"孝道"观念淡化了，孩子不再被父母视为"养儿防老"的生活保障，而主要是精神寄托。

【知识卡】

缓解父母焦虑，从拒绝剧场效应开始

剧场效应描述的是这样一种现象：在一个很大的电影院里面，大家都是坐着看电影，大家都能够看到屏幕上面播放的电影。在大家都看得比较尽兴的时候，突然有一个人站了起来，直接把后面观众的视线挡住了，导致后面的观众看不见屏幕，只能站起来。慢慢地，站起来的人越来越多。本来大家看电影都是坐着看，但是当剧场中站起来的人越来越多时，看电影的形式就发生了很大的改变，大家都要站起来才能看电影。然而，因为不同人的身高不同，不是所有的人都能够看清楚屏幕。于是，有人感觉自己的身高不够高，就直接站在椅子上，旁边的人看到之后，也会纷纷效仿他，站在椅子上的人越来越多，看电影的代价也越来越高。这种现象便被称为剧场效应。

剧场效应与当前父母对待孩子的教育有着相通之处，父母在教育孩子的时候，对孩子总是抱有较高的期待，希望自己的孩子将来能够出人头地，而不落后于他人。于是，在孩子很小的时候，父母可能就给孩子增加许多"学习任务"。

例如，从幼儿园开始，孩子就要参加许多培训班，培养各方面的特长技能；读小学的时候，除了要完成学校作业，还要完成许多额外的家庭作业。父母为了让自己的孩子取得优异的成绩，赶超同龄人，投注到孩子身上的培养成本越来越高，在子女教育中出现剧场效应。

这样的剧场效应会产生什么样的影响呢？

首先，父母会产生过度的焦虑情绪。曾有一篇题为《牛蛙之殇》的文章红遍了网络，这里的"牛蛙"指的是在靠着各方面优越条件考上知名民办小学的孩子，是"牛娃"的谐声。撰写《牛蛙之殇》的退休教授也被网友戏称为"牛蛙外公"。这位老人家用犀利真切的笔触，讲述了外孙在"幼升小牛蛙战争"中的困兽之斗和最终意外败阵的遭遇，向众人展示了一场应试教育血淋淋的画面，这篇文章当时被许多80后甚至90后的父母转发。对于一二线城市即将经历或刚经历幼升小的父母来说，这篇文章引发了父母共同的体验——焦虑。

就像《罗辑思维》的主讲人罗振宇在谈及教育时曾开玩笑地提到的那样，如果你遇到一个中年人但却找不到话题的时候，你就跟他谈孩子的教育，一定会有一种在急诊室遇到病友的感觉。很多时候，父母聚在一起聊天，话题总是围绕着孩子转，当父母听到别人家的孩子如何优秀，如何出色的时候，就会羡慕，也要想尽一切办法让孩子得到最好的教育。然而，许多父母却不曾想：自己给予孩子的是在自己能力的范围内吗？例如，自己家庭的经济状况、时间安排、工作上的任务管理，等等。如果超出了自己的能力范围，不仅会让自己觉得被压得喘不过气，变得更焦虑，焦虑情绪还会传递给家人和孩子，甚至影响整个家庭的和睦。

其次，孩子的学习压力会越来越大。父母不希望自己的孩子输在起跑线上，往往会过早开发孩子的智力与能力，希望孩子从小就能学习各种各样的技能，拓宽孩子的视野，提高孩子的能力，但是在这种高压的学习环境和氛围当中，孩子承受压力的能力却并不能得到相应的提高。一旦压力超过孩子能承受的范围，就很容易影响孩子的心理健康。另外，当孩子将过多的精力投入到学习中，没有自己的娱乐和生活时间，孩子的压力没有办法得到缓解，日积月累，孩子也可能会抗拒给予他压力的父母，导致父母关系疏远。

最后，尽管孩子的学习表现未必尽如人意，但剧场效应引发的父母的过度焦虑，可能也会导致孩子的不良学业表现。过度焦虑的父母可能对学习持有消极的态度，进而对孩子的学业态度与学习成绩产生负面影响。心理学研究发现，父母越焦虑，孩子的学习成绩越差。这可能是因为焦虑的父母在为孩子提供学业帮助时可能会表达大量的负性情绪，被孩子感知为惩罚，进而影响孩子的学业态度与学习成绩。焦虑的父母倾向于为孩子提供控制性的学业帮助，这可能会损伤孩子的学业自我效能感。而与提供控制性学业帮助的父母相比，提供自主支持性作业帮助的父母更可能会询问孩子的意见，试图了解孩子对解决家庭作业方法的看法，并鼓励孩子以他们自己的方式进行，因而有助于增强孩子积极的学业情绪与内在的学习动机，从而有利于提高孩子的学习成绩。

教育原本是一门"慢"的艺术，但是很多父母一句"不能让孩子输在起跑线上"却给教育提了速。这对于孩子来说，不仅没有太大的帮助，反而还会引起孩子的焦虑情绪，影响孩子的健康成长。因此，父母要拒绝剧场效应，缓解自己过度焦虑的情绪，尊重孩子的身心发展规律，了解孩子的独特个性，尊重孩子的自由选择权，正确看待孩子的学习成绩，端正对教育的看法，不要以分数高低去评定孩子的好坏，而是善于发现孩子的闪光点。例如，有的孩子学习成绩不好，但是他画画很有天赋，父母加以培养，孩子也能在绘画的领域发光。

小结

1. 中国父母对于孩子教育的焦虑主要源于优质教育资源的不均衡以及父母的教育观和教育期望。

2. 父母的过度焦虑并不利于亲子关系的建立与维护,它既容易破坏亲子之间的情感关系,也容易扭曲亲子之间的责任关系。

反思·实践·探究

李佳(化名),初中一年级学生,从小喜欢音乐,曾学习过萨克斯、电子琴等乐器。小学毕业后由于未能达到其正在就读的学校中学部的录取分数线,爸爸托了关系进入该校学习。在小学期间,李佳的学习成绩在班上一直居于中上水平。然而,升入中学后的第一个学期,刚刚考完的期中考试成绩却令全家震惊:语文68分,数学55分,英语58分,名列全班倒数第六名。

李佳一直认为自己的成绩在班上处于中上水平,这次糟糕的期中考试成绩使她受到挫折,情绪比较低落。自己分析此次考试成绩不好的原因是学习方法不对,于是向学习好的邻居孩子请教学习方法,但还是感到没有多少效果。班主任老师认为李佳在学习上自我感觉良好,学习不算太用功,学习态度不端正。

李佳的爸爸是公安系统的一名刑警队长,妈妈在一家商业银行工作,家庭条件优越,爸爸妈妈非常重视对子女的教育。李佳的爸爸由于工作比较忙碌，不能经常回家，对孩子的教育参与也比较少，因此把教育孩子的重任全部交给了妈妈。妈妈看到李佳这次考得很差，感到非常焦虑，想尽办法找寻教育和引导孩子的方法，对李佳反复强调学习的重要性，也曾请朋友来给李佳讲解学习方法但都没有明显的效果，便觉得更加苦恼，感到自己对不起孩子，也对不起孩子爸爸的嘱托。只要一想到孩子学习的事情，李佳的妈妈就饭也吃不下，觉也睡不好。

1. 李佳的妈妈为什么会对李佳的学习感到焦虑？

2. 李佳的妈妈该怎么做才能缓解自身的焦虑，帮助孩子？

尊重与信任是和谐
亲子关系的前提

构建和谐的亲子关系

【知识导图】

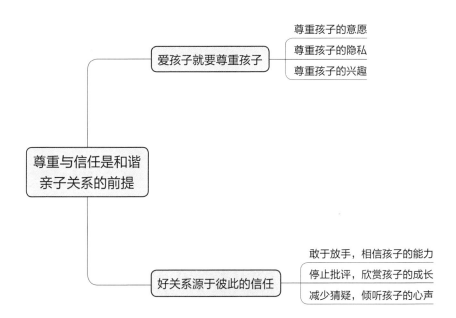

尊重与信任是和谐亲子关系的前提

爱孩子就要尊重孩子
- 尊重孩子的意愿
- 尊重孩子的隐私
- 尊重孩子的兴趣

好关系源于彼此的信任
- 敢于放手，相信孩子的能力
- 停止批评，欣赏孩子的成长
- 减少猜疑，倾听孩子的心声

在亲子关系中，父母与孩子之间的关系是否和谐亲密，在很大程度上决定了家庭教育的成效，和谐亲密的亲子关系更甚于教养技巧。因为当父母为孩子创设一个尊重与接纳的环境，孩子在其中感受到信任、自由和放松时，他们才会把关注点放在如何发展自我和解决具体的问题上。更神奇的是，当孩子感受到来自父母的爱、理解和无条件接纳后，他们也更容易朝着父母预期的方向发展。因此，父母需要寻找与孩子建立和谐亲密的亲子关系的有效方法，通过这些方法与孩子之间建立链接，在此基础上引导孩子健康成长。

爱孩子就要尊重孩子

小王的妈妈，出于对小王的担心和爱护，常常唠叨女儿要少与男生来往。有一次，小王过生日，邀请几个男女同学一起聚餐。小王的妈妈知道后当场骂了小王和小王的同学，使得小王的自尊心受到极大的伤害。小王感觉自己在同学面前很没面子，同学也渐渐不跟她来往了。于是，小王心里越来越怨恨妈妈，觉得她存心让自己在同学面前丢脸。于是她故意不好好读书，还胡乱花钱，目的就是让妈妈生气。

案例中这位母亲的初衷是担心孩子受到伤害，可是她的行为却伤害了孩子。其实，每一个人都有被人尊重的需要，孩子也是。因为只有被人尊重，孩子才可能获得自尊，如果不尊重孩子，孩子的自尊便容易受到伤害。一旦孩子的自尊受到伤害，他们便会用诸多"不听话"的行为来与父母对抗。然而，在日常生活中，许多父母往往缺少对孩子的尊重。

曾有一名心理学家说过，不要想控制孩子的一切，用自己的标准要求孩子，而是把孩子当成一个独立的个体来尊重，这样才会激发他的能量。相信他会成为他自己，不需要伪装，不需要压抑，他会成为一个负责的人、自我主导的人，一个拥有个人目标和价值观的人。此外，他会从这种家庭关系中获得很大的满足，会爱家人、爱交流。简单而言，这个观点说的就是要尊重孩子的想法和感受，多给孩子一些自己作决定的机会。即使父母有时明知道孩子的行为可能会带来不好的结果，但如果孩子不能自己作决定，不亲身经历，孩子就无法真正学习到经验，也难以更好地成长。现在，许多父母在养育孩子的过程中，都会不断地向孩子传授经验，很少为孩子提供自主成长的机会，甚至有些父母过度保护孩子，对孩子限制太多，不让孩子干这，不让孩子干那。实际上，当父母不再试图改变孩子，给予孩子一定的自主权，满足孩子的需求以后，孩子与父母的关系反而会越来越亲近。其实，父母对孩子的爱，最基本的表达就是尊重，尊重孩子的意愿、隐私和兴趣。

尊重孩子的意愿

有些父母嘴上喊着要尊重孩子，但说起来容易，做起来却还有一定的难度。真正的尊重是父母要有勇气放下自己作为长辈的权威，把孩子当作一个独立的、有思想、有感受的个体，尊重孩子的个性与发展

记下你的心得体会

特点，允许并支持孩子的兴趣和选择。切忌将自己的期望毫无底线地强加在孩子身上，让他们背上沉重的负担，因为父母想要的、喜欢的，并不等同于孩子想要的、喜欢的。在日常生活中，父母可以有意识地给孩子创造一个宽松的氛围，在决定某件事情的时候，可以问问孩子的意见，例如："我这样做你愿意接受吗？""你有什么样的想法呢？"有的孩子由于性格内向或者不愿意表达自己的真实意愿，往往会在情绪中表现出不满。这时候父母更应该多加注意，发现后，要耐心和孩子沟通，不要忽略自己无意中的言行对孩子造成的伤害。父母对于孩子的事情既不要大包大揽，也不能漠视不理，对于孩子力所能及且有意义的事情，要鼓励他们自己去做。当孩子遇到问题或者挫折时，再给予一定的鼓励和帮助，这样不但保护了孩子的自尊心，还提升了孩子的自信心。

尊重孩子的隐私

随着孩子逐渐成长，他们的隐私越来

记下你的心得体会

越多，作为家长要注意尊重孩子的隐私，允许他们有自己的私人空间，不要试图去侵犯孩子的"领地"。如果父母随时随地都要掌控孩子，一定会引起孩子的反感，孩子也更想挣脱父母的掌控，与父母的亲密感就会下降。也许有的父母会因为孩子有自己的秘密而感到担心："难道一切都由着孩子，孩子的私事我们一点儿都不能过问吗？"并非如此绝对。孩子的事情父母肯定要关心和关注，但要建立在尊重孩子隐私的基础上，让孩子自愿地与父母分享他的"秘密"。"秘密"是孩子成长的"营养品"，孩子成长的过程就是走向独立的过程，是从依赖父母到不再向父母袒露一切事情，拥有了自己的"秘密"的过程。因此，父母要做的就是取得孩子的信任，当孩子愿意主动、自愿地与父母分享他的"秘密"时，父母也应理解和接纳并帮助他一起保守"秘密"，无论这些"秘密"是积极的还是消极的。这样，孩子才能从父母这里真正获得被尊重的感觉，也更容易从心里认同父母，与父母形成安全稳固的亲子关系。

记下你的心得体会

尊重孩子的兴趣

人们常说："萝卜青菜，各有所爱。"强调的就是每个人的兴趣爱好是不同的。大多数父母其实都明白这个道理，但一旦牵扯到孩子，有的父母就会忽视这一点。生活中总有许多父母无视孩子的兴趣和爱好，把自己想要孩子具备的"兴趣"强加在孩子身上，其结果必然会导致亲子冲突，甚至束缚孩子的发展。尊重孩子的兴趣，首先就要承认孩子可以有自己的兴趣和爱好，每个孩子都有选择的权利，作为父母不应该随便干涉。父母要在承认与尊重的前提下，进行适当的引导，鼓励孩子发展自己的兴趣爱好，追寻自己的梦想。例如，当孩子提出自己喜欢唱歌，以后想当歌星时，父母可以这样引导："当歌星很好啊！孩子，你觉得要成为一名歌星，受到大家的欢迎，需要付出怎样的努力呢？"启发孩子自己去思考，这样孩子才能对自己发展兴趣有一个更深的认识。

【知识卡】

埃里克森心理发展八阶段理论

埃里克森认为，人的自我意识发展持续一生，他把自我意识的形成和发展过程划分为八个阶段，这八个阶段的顺序是由遗传决定的，但每一阶段能否顺利度过却是由环境决定的。埃里克森认为，八个阶段的每一个阶段都是不可忽视的，每一个阶段的良好发展会为下一个阶段的发展打下基础，每个阶段都有一个独特的发展任务。如果个体顺利实现这一发展任务，则人格就会健康发展；反之，个体无法顺利实现这一发展任务，就会出现发展"危机"，形成不良人格，并妨碍后来各时期人格的健康发展。

1. 婴儿期（0—2岁）。婴儿在这一阶段的主要任务是满足生理需要，发展信任感，克服不信任感。信任可以让婴儿形成"希望"这一品质，"希望"起着增强自我力量的作用。具有信任感的儿童敢于希望，富于理想，具有强烈的未来定向。反之，不信任则让婴儿形成"不敢希望"的品质，时时担忧自己的需要得不到满足。埃里克森把希望定义为"对自己愿望的可实现性的持久信念，反抗黑暗势力，标志生命诞生的怒吼"。

2. 儿童早期（2—4岁）。这个阶段的儿童主要是获得自主感，克服羞怯和疑虑。这一时期，儿童掌握了大量的技能，如爬、走、说话等。更重要的是他们学会了怎样坚持或放弃，也就是说儿童开始"有意志"地决定做什么或不做什么。第一个反抗期的出现就在这个阶段：一方面，父母必须承担起引导儿童养成良好习惯的任务，如训练儿童大小便，使他们对肮脏的随地大小便感到羞耻，训练他们按时吃饭等；另一方面，儿童开始有了自主感，他们坚持自己的进食、排泄方式，所以训练良好的习惯不是一件容易的事。这时孩子会反复应用"我""我们""不"来反抗外界控制，而父母不能听之任之、放任自流，这将不利于儿童的社会化。反之，若父母过分严厉，又会伤害儿童自主感和自我控制能力。如果父母对儿童的保护或惩罚不当，儿童就会产生怀疑，并感到害羞。因此，父母把握住"度"的问题，才有利于儿童形成意志品质。埃里克森把"意志"定义为"不顾不可避免的害羞和怀疑心理而坚定地自由选择或自我抑制的决心"。

3. 学前期（4—7岁）。这一阶段的儿童主要发展任务是获得主动感，克服内疚感。在这一时期，如果儿童表现出的主动探究行为受到鼓励，就会形成主动性，这为他们将来成为一个有责任感、有创造力的人奠定了基础。如果成人否定儿童的自主行为和想象力，那么儿童就会逐渐失去自信心，这使他们更倾向于生活在别人为他们安排好的狭窄圈子里，缺乏自己开创幸福生活的主动性。当儿童的主动感超过内疚感时，他们就有了"目的"的品质。埃里克森把"目的"定义为"一种正视和追求有价值目标的勇气，这种勇气不为幼儿想象的失利、内疚感和惩罚的恐惧限制"。

4. 学龄期（7—12岁）。这一阶段的发展任务是获得勤奋感，克服自卑感。这一时期的儿童都应在学校接受教育。学校是训练儿童适应社会、掌握今后生活必需的知识和技能的地方。如果儿童能顺利完成学习任务，他们就会获得勤奋感，这使他们在今后独立生活和承担工作任务中充满信心；反之，儿童就会产生自卑感。当儿童的勤奋感大于自卑感时，他们就会获得"能力"的品质。埃里克森说："能力是不受儿童自卑感削弱的，完成任务需要的自由操作的熟练技能和智慧。"

5. 青年期（12—18岁）。这一阶段的发展任务是建立同一感，防止同一感混乱。一方面，青少年本能冲动的高涨会带来一些问题；另一方面，青少年面临新的社会要求和社会冲突，感到困扰和混乱。因此，这一时期的主要任务是建立一个新的同一感或自己在别人眼中的形象，以及他在社会集体中所占的情感位置。这一阶段的危机是角色混乱。随着自我同一性的发展，青少年形成"忠诚"的品质。埃里克森把"忠诚"定义为"不顾价值系统的必然矛盾而坚持自己确认的同一性的能力"。

6. 成年早期（18—25岁）。这一阶段的发展任务是获得亲密感，避免孤独感。只有具有牢固的自我同一性的青年人，才敢于冒与他人发生亲密关系的风险。因为与他人发生爱的关系，就是把自己的同一性与他人的同一性融合一体。这里有自我牺牲或损失，只有这样才能在爱的关系中建立真正亲密无间的关系，从而获得亲密感，否则将产生孤独感。埃里克森把"爱"定义为"压制异性间遗传的对立性而永远相互奉献的能力"。

7. 成年中期（25—50岁）。这一阶段的任务是获得繁殖感，避免停滞感，体验关怀的感觉。这时男女建立家庭，他们的兴趣扩展到下一代。这里的繁殖不仅指个人的生育能力，还指关心和指导下一代的成长。一个人即使没生孩子，只要能关心孩子、教育指导孩子，也可以具有繁殖感。缺乏这种体验的人会倒退到一种假亲密的需要，一心专注自己而产生停滞感。

8. 老年期（或成年晚期，50岁以上）。这一阶段的任务是获得完善感，避免失望、厌倦感，体验着智慧的实现。这时人生进入最后的阶段，如果对自己的一生比较满意，则产生一种完善感。这种完善感包括一种长期形成的智慧感和人生哲学。如果一个人没有这种感觉，就不免恐惧死亡，觉得人生短促，对人生感到厌倦和失望。

记下你的心得体会

好关系源于彼此的信任

罗尔斯是纽约州历史上第一位黑人州长。他出生在纽约州声名狼藉的贫民窟，那里环境肮脏，充满暴力，在那里出生的孩子，从小耳濡目染学会逃学、打架、偷窃甚至吸毒等坏事，很少有人长大后能获得较体面的职业。罗尔斯也不例外，他读小学的时候，在学校里调皮捣蛋，经常闯祸。直到有一天，校长拉过他的手认真端详了一会说："看你修长的手指就知道，你将来会是纽约州的州长。"从那天起，神奇的事情发生了："纽约州州长"就像一面旗帜引导着罗尔斯，并让他发生了彻头彻尾的转变。在以后的40

多年时间，他没有一天不按州长的身份要求自己。51岁那年，他真的成了纽约州的州长。校长善意的"谎言"表达了对罗尔斯的信任和积极的期待，给他增添了信心和勇气。于是，罗尔斯开始对自己提要求，逐渐变得自觉、自律。

信任具有一股神奇的力量——它会让人产生满足感、幸福感，感到被认可，对自己有信心，于是做起事来充满动力和勇气。信任是人与人之间关系是否亲密与和谐的关键，如果人与人之间总是互相怀疑，猜忌对方的话语和行为，那么这段关系总有一天会破碎，亲子关系也是如此。

有一天，小李戴着爸爸给自己新买的电子手表，美滋滋地去学校上学。由于小李穿了一件很紧的套头外套，热了脱衣服的时候不小心剐蹭到手表旁边的按键，时间就乱了。回到家，爸爸发现了，就一口咬定，认为小李上课不认真听讲，偷偷玩手表才导致时间乱掉。无论小李怎么解释，小李的爸爸和妈妈都不信，还一直批评小李不该说谎，甚至还动手打了小李。事后，小李的爸爸和妈妈还让小李为自己说谎这件事写了检讨书贴在客厅，也常常跟来家里的客人提起这件事。小李感到既难受又愤怒，非常讨厌爸爸和妈妈对自己的不信任。即便后来小李长大了，也依然清晰地记得此类事情。长大以后，小李很难相信别人，再怎么努力，依然打心底里不相信别人，只相信自己的判断。

上述案例表明，从小不被父母信任的孩子，很难对自己有信心，缺乏安全感和生命力，也不容易信任别人。因此，作为父母，要充分地信任孩子，只有被父母充分"信任"过的孩子，长大以后才会充满自信，相信自己，并进一步拓展到相信他人，相信世界。

然而，很多时候，父母都有爱孩子的本能，却少相信孩子的能力。在生活中，我们经常会听到有些孩子抱怨："本来准备去做作业的，这时爸爸妈妈刚好开口喊我去做作业，突然我就不想去做作业了，难道我自己不知道去做作业吗？""每次爸爸妈妈喊我做事的时候，不知道为什么我就会有一种逆反的心理，故意拖延或者干脆不做，其实那些事情他们不说我也会做的。"心理学家布拉泽斯（Joyce Brothers）说："爱的最好证明就是信任，信任才是给孩子最好的爱。"父母的信任是孩子的底气，当孩子从父母那里感受到信任和理解，会油然而生一种责任感，自觉地对自己的言行负起责任，他也更愿意敞开心扉与父母交流，亲子关系也便会越发亲密。无法从父母那里感受到信任的孩子，则容易产生厌烦、愤怒、失望的情绪，甚至变得叛逆、"破罐子破摔"。父母不信任孩子，会导致亲子之间出现隔阂，更危险的情况是，孩子宁愿自己受苦、煎熬，也不愿意向父母求助。

那么，父母该如何向孩子传递信任呢？

敢于放手，相信孩子的能力

信任很重要的一点就是相信孩子的能力，敢于放手，让孩子自己去尝试做各种事情。不可否认，孩子在成长的过程中不可避免会犯这样或者那样的错误，许多父母怕孩子犯错，常常会过度保护，限制孩子，什么事都帮孩子做好，不让孩子跑太快，不让孩子跳太高。孩子是安全、轻松了，但孩子的能力却得不到锻炼，不利于独立自主。如果父母信任孩子的能力，给孩子独立做事、做选择的机会，在安全范围内允许孩子多探索、尝试、犯错，那么孩子的各项能力都会得到锻炼和提高，有利于孩子的成长和发展。

停止批评，欣赏孩子的成长

请大家想象这样一个场景：如果在你的面前放上一张白纸，而白纸上有一个黑点，这个时候，你会先注意白纸还是先注意黑点？我想大多数人的目光都会不由自主地看向白纸上的黑点，甚至有点介意这个黑点。如果我们把这张白纸比作孩子的成长，而把纸上的黑点比作孩子的缺点或者孩子犯的错误，作为父母，你的目光首先会落在哪里呢？如果你先看到的是白纸上的黑点，而无视白纸的存在，那么就等于你放大了孩子的缺点而忽略了他的成长。于是，每当孩子犯

记下你的心得体会

错或表现不好的时候，父母就会格外忧虑，忍不住朝孩子发脾气，批评指责，希望孩子能认识到自己的错误和不足，及时改变。甚至，有的父母还会屡次不断地强调孩子的错误和不足，给孩子贴负面标签，这就等于全盘否定孩子。作为父母，相信孩子，就要相信孩子是不断成长的，遇到问题，父母可以和孩子共同想办法解决，而不是站在孩子的对立面指责孩子。例如，孩子考试没考好，父母不应该指责孩子不好好学习，而是和孩子一起交流、分析，相信孩子会努力和进步。这样，孩子会更有信心，更积极地投入到学习中。多用积极的眼光看待孩子，给孩子鼓励和肯定，用信任为孩子赋能，孩子会更有力量作出改变。

减少猜疑，倾听孩子的心声

很多时候，父母总是喜欢用成人的思维去猜疑孩子。笔者曾经看到过这样一个例子：有一位父亲经常忙着自己的工作而疏忽了和孩子的交流，加上耐心不足，和孩子之间很少有互动。在孩子上六年级时的一次家

58

长会上，老师特别提醒家长最近班里有丢东西的现象，一时还没有查出原因，请家长注意孩子的常用物品，让每一个孩子远离随便使用他人物品的坏习惯。家长会开完，父亲回家就对孩子说："我有时会看到你拿一些新奇的玩意玩来玩去，这些东西是你的吗？是不是你同学的？你可不能随便拿人家东西啊！有没有经过同学同意？"听到父亲的话，孩子很生气，把自己所有玩具都拿到父亲面前，说："爸爸，您知道哪个是我的？哪个不是我的吗？"问得父亲哑口无言。这类问题在许多亲子互动中都会出现，父母无端质疑，随意下结论，可能会极大伤害孩子的心，让孩子不再信任父母，拒绝沟通，这样的亲子关系又如何变得和谐呢？因此，不管发生什么事，作为父母，首先都要学会倾听，用平等的姿态，像朋友那样听听孩子的感受和想法，表达对孩子的理解。尤其是当孩子出现与平时不一样的言行时，更要及时地与孩子进行沟通，弄清楚孩子为什么会平时不同，带着信任与孩子相处，孩子才会回馈给父母更多惊喜。

记下你的心得体会

【知识卡】

皮格马利翁效应

　　皮格马利翁是希腊神话中塞浦路斯王，善雕刻。他精心地雕塑了一位美丽可爱的少女，并深深爱上了这个"少女"。他给"少女"穿上美丽的衣裳，拥抱它、亲吻它。皮格马利翁真诚地期望自己的爱能被"少女"接受，但它依然是一尊雕像。皮格马利翁感到很绝望，他不愿意受这种单相思的煎熬，于是他就带着丰盛的祭品来到爱神阿芙洛狄忒的神殿，向她求助，他祈求爱神能赐给他一位如雕像"少女"一样优雅、美丽的妻子。皮格马利翁的真诚感动了爱神阿芙洛狄忒，爱神阿芙洛狄忒决定帮他。皮格马利翁回到家后，径直走到雕"少女"雕像旁，凝视着它。这时，雕像发生了变化，它的脸颊慢慢地呈现出血色，它的眼睛开始释放光芒，它的嘴唇缓缓张开，露出了甜蜜的微笑。"少女"雕像向皮格马利翁走来，她用充满爱意的眼光看着他，浑身散发出温柔的气息。不久，"少女"雕像开始说话了。皮格马利翁惊呆了。皮格马利翁的"少女"雕塑最终成了他的妻子。人们从皮格马利翁的故事中总结出皮格马利翁效应：期望和赞美能产生奇迹。

在现代心理学研究中，皮格马利翁效应亦称"罗森塔尔效应"，1968 年由美国心理学家罗森塔尔（Robert Rosenthal）等在《课堂中的皮格马利翁》一书中提出。罗森塔尔等在一所学校进行了一个实验，先对小学一至六年级的学生进行一次名为"预测未来发展测验"实为"智力测验"的测验。然后，从这些学生中随机抽取约 20% 的学生，让教师认识到"这些儿童的能力今后会得到发展"，使教师产生对这些学生未来的发展产生期望。8 个月后，罗森塔尔等又在该校进行了第二次智力测验。结果发现，那些被教师期望的学生，特别是一、二年级被教师积极期望的学生，与其他学生相比，在第二次智力测验上有了明显的提高。这一提高的倾向，在智商为中等的学生身上表现得较为显著。从教师的评价中可知，被教师期望的学生表现出更强的适应能力，更有魅力，求知欲更强，智力更活跃等倾向。这一结果表明，教师的期望会传递给被期望的学生并产生鼓励效应，使学生朝着教师期望的方向变化。这一现象被称为罗森塔尔效应。

在亲子教育上，罗森塔尔效应提示我们，鼓励式教育远优于棍棒教育。当父母认为自己的孩子是聪明的、优秀的，孩子就会成长为父母期望的样子——聪明又优秀。因为在孩子成长过程中，父母会关注孩子的积极方面，会给予孩子更多积极的情感和赞扬。心理学研究表明，成功来自信任、期待和赞扬，来自父母之爱。当然，这种信任和期待应当是积极、现实的，而不是盲目的。

小结

1. 父母对孩子的爱，最基本的表达就是尊重，要尊重孩子的意愿、隐私和兴趣。

2. 信任是人与人之间关系是否亲密与和谐的关键。信任会让人产生满足感、幸福感，感到被认可。

3. 信任孩子就要敢于放手，相信孩子的能力，也要停止批评，欣赏孩子的成长，还要减少猜疑，倾听孩子的心声。

反思·实践·探究

小明是一个 14 岁的中学生，成绩一直很不错。然而，小明的父母总是担心他会受到坏影响，沉迷于网络游戏，因此对他管教严格。在这样的环境下，小明觉得自己一直处于被监视的状态。

某天，小明想参加一个学科竞赛，他需要额外花一些时间学习。然而，他的父母担心这会影响小明的正常学习和作息时间，所以不同意他参加。即使小明保证他会合理安排时间，不会影响学习和休息，他的父母仍然坚决反对。自那开始，小明觉得很受挫，他的自尊心受到伤害。这导致他在学习上的积极性逐渐下降，与父母沟通也变得越来越少。

1. 小明为什么和父母的沟通变得越来越少？
2. 小明的父母应该怎么做才能改善与小明的关系？

温暖有爱的家庭氛围
是亲子关系的保障

构建和谐的亲子关系

【知识导图】

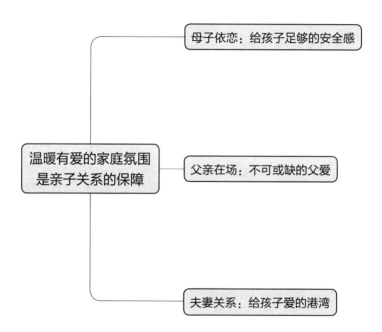

温暖有爱的家庭氛围是亲子关系的保障
- 母子依恋：给孩子足够的安全感
- 父亲在场：不可或缺的父爱
- 夫妻关系：给孩子爱的港湾

母子依恋：
给孩子足够的安全感

案例一：小美，读幼儿园小班，晚上睡觉的时候，总是不踏实，老是要抓着妈妈的衣服，抓到妈妈的衣服才会放心入睡。

案例二：小新，今年3岁，特别黏妈妈，无论妈妈去哪里，她都要跟着，哪怕只是分开一会儿，她都会很着急，又哭又闹地找妈妈。妈妈上厕所，她就在门外撕心裂肺地哭喊；晚上关灯睡觉了她还要拿本书拉着妈妈讲，妈妈不想讲她就哭；和妈妈一起玩玩具玩得正高兴，一旦发现妈妈要抽身离开，她就会追上来。

案例三：小明，7岁，是一名单亲家庭的孩子，与妈妈一起生活，妈妈工作很忙，经常加班，没有太多时间陪伴他。小明在幼儿园时曾被欺负，导致他害怕与同学相处，不喜欢去学校，爱躲在家里。他经常失眠，做噩梦，晚上担心妈妈不在家，白天害怕妈妈下班后不来接他。

构建和谐的亲子关系

上述三个案例都反映了孩子缺少安全感，只是三个案例中孩子的表现形式不一样。在日常生活中，如果孩子缺乏安全感，那么就会感觉无法依靠和信任他人以及自己的能力，长此以往将导致孩子产生心理问题和行为问题，影响孩子健康成长和发展。因此，给予孩子安全感是亲子关系中的一个重要议题。

安全感是父母养育孩子过程中最常提到的一个词语，那么安全感究竟来自哪里？对孩子的成长有什么影响？该如何给予孩子安全感呢？为了回答这些问题，我们首先得了解一下"依恋"的概念。

所谓依恋，简单来说，就是孩子和自己的父母，通常是和母亲之间的亲密关系。例如，当孩子向母亲微笑时，母亲也对孩子报以微笑，这时孩子会感觉到快乐。孩子幼儿园放学，看到母亲来接自己，立马奔向母亲，母亲给了他一个大大的拥抱……这些亲密互动都是依恋在亲子关系中的体现。依恋既是孩子安全感的来源，也是形成和谐亲子关系的基础。

【知识卡】

亲子依恋

英国心理学家鲍尔比（John Bowlby）提出依恋理论。鲍尔比认为，一个人生命最初与母亲的关系在很大程度上决定了其今后能否获得快乐和幸福。后来，美国心理学家安斯沃思（Mary Ainsworth）等通过陌生情境实验观察婴儿在陌生环境中的反应，将依恋分为三种类型：安全型依恋、回避型依恋和矛盾型依恋。

安全型依恋。安全型依恋的孩子，他们的需求得到母亲的及时回应和满足。当母亲在场的时候，他们会感到足够的安全，能在陌生的环境里积极自由地探索；当母亲离开后，他们会表现出明显的苦恼、不安，想找母亲回来，当母亲回来时，他们很容易就能在母亲的抚慰下平静下来。安全型依恋的孩子长大后，很自然就能形成亲密关系，拥有相互依赖的感觉，为人乐观向上、积极热情，愿意与人交往。

回避型依恋。回避型依恋的孩子，他们的需求常常被忽视，得不到母亲的积极回应。对于回避型孩子来说，母亲在不在场都无所谓。母亲离开时，他们很少有紧张、不安的表现；母亲回来时，他们也往往不予理会。这样的孩子长大后，会时刻对自己与他人的关系保持警惕，内心渴望与他人建立亲密关系，但又不接受自己的亲密对象与他人有密切关系，否则会形成嫉妒心理。

矛盾型依恋。矛盾型依恋的孩子，他们的需求时而得到母亲的回应，时而被母亲拒绝。母亲离开时，他们表现得非常苦恼、极度反抗，任何一次与母亲的短暂分离都会引起他们大喊大叫；当母亲回来时，他们对母亲的态度又是极其矛盾的，又想亲近母亲又拒绝和母亲亲近。矛盾型依恋的孩子将来更倾向于依赖自己，对他人很冷漠，无法与他人建立亲密关系。

后来，安斯沃斯的学生梅恩（Mary Main）还发现了紊乱型依恋。紊乱型依恋的孩子，他们的需求被母亲忽冷忽热地对待，他们无法预料母亲的反应。紊乱型依恋的孩子内心是期待与他人建立亲密关系的，但同时又害怕受到伤害，表现出犹豫、抗拒的状态，他们的自我评价相对消极，怕被拒绝、伤害。紊乱型依恋的孩子在处理亲密关系时，经常担心被抛弃，内心常常带有恐惧感，对方不在身边时会感到不安，而对方在身边时又可能会感到厌倦。可见，安全型依恋为良好的、积极的依恋，而其余三种依恋则属于不安全型依恋，是消极的、不良的依恋。

亲子之间建立了安全型依恋，就说明孩子获得了充足的安全感。拥有安全感的孩子，安全感在生命最初就扎根于孩子心中，成为孩子成长过程中需要的一种最重要的"营养成分"。那么，该如何帮助孩子获得安全感呢？

母亲，其实是最早给孩子带来安全感的那个人。母亲的陪伴很重要，但更重要的是母亲自身的情绪稳定。情绪稳定的母亲可以心平气和地陪伴在孩子身边，观察孩子的一举一动，及时发现他的需求，并及时满足孩子的需求。在孩子需要拥抱的时候给他一个拥抱，在孩子需要游戏的时候陪伴着他一起进行游戏，在孩子需要独处的时候给他足够的空间去做他想做的事情。当然，母亲也要尽量避免与孩子长期分离，长期分离导致的分离焦虑并不利于孩子心理的健康发展，要尽量克服困难，亲自担当起抚养、教育孩子的责任。如果母亲必须与孩子分离，也应与孩子做好沟通并坚决离开。

【知识卡】

恒河猴实验

1959 年，美国心理学家哈洛及其同事做了一个有趣的实验，叫作"恒河猴实验"。他们将刚刚出生的小猴子带到一个笼子里，给它提供了两个"猴妈妈"：一个是由铁丝网做成的，胸前挂着一个可以提供奶水的橡皮奶头和奶瓶，"铁丝妈妈"只能提供食物，但无法给小猴子提供温暖；另一个是绒布做成的"绒布妈妈"，绒布妈妈抱起来很柔软，但是却无法给小猴子提供食物。实验结果发现，小猴子只有在需要食物的时候才会去找"铁丝妈妈"，而其余大部分时间则依偎在"绒布妈妈"的身上。虽然这个实验的对象是恒河猴，但许多心理学家认为，人类婴儿同样存在这样的情况。婴儿出生以前，一直待在母亲的子宫里，就像是待在一个"安全岛"。出生以后，婴儿离开母亲的子宫，一下子进入一个陌生而嘈杂的环境，此时婴儿急需通过和母亲建立联结来获得熟悉感和安全感。因此，婴儿最初的安全感来源于母亲。母亲对于孩子的养育绝不能仅仅停留在喂饱层次上，要使孩子健康成长，一定要为孩子提供触觉、视觉、听觉等多种感觉通道的积极刺激，通过陪伴让孩子能够感受到母亲的存在。与喂食相比，身体的舒适接触对依恋的形成起更重要的作用，母亲与孩子之间要保持经常的肌肤接触，例如，抱抱孩子、摸摸孩子的脸、胸、背等，让孩子体会接触带来的安全感，对大一些的孩子也可以如此。恒河猴实验的相关内容，也可参见第一册相关部分。

记下你的心得体会

依恋关系对孩子未来的社会性适应与人格发展具有重要意义，是孩子早期社会性发展的重要课题。早期依恋关系的发展对孩子性格的养成具有不可忽视的重要作用。早期安全依恋的建立会使孩子产生安全感，从而形成对他人和周围世界的信任感。反之，儿童会对周围世界产生不信任感，形成多疑、孤僻的性格。同时，建立安全感，会促进孩子形成自我认同感，帮助孩子建立自信心。如果孩子缺乏安全感，他往往很少与成人进行情感交流，这样难以得到成人的理解和支持，导致孩子自我认同感发展不足，甚至产生焦虑、恐惧、自卑的心理。此外，早期安全依恋的建立，也有利于培养孩子的独立自主性。只有当孩子能感受到父母的爱护和感情，形成安全感，相信父母能在他需要时出现在身边，提供帮助，他才能放心大胆地独立探索陌生的世界。反之，孩子则会出现焦虑不安等状况，无法形成独立自主的性格。

【知识卡】

婴儿依恋发展的阶段

根据英国心理学家鲍尔比和美国心理学家安斯沃思等人的研究，依恋是婴儿在同母亲较长时期的相互作用中逐渐建立起来的。依恋的发展过程可以分为以下四个阶段。

第一阶段：无差别的社会反应阶段（从出生到3个月）。此时婴儿对人反应的最大特点是不加区分和无差别。婴儿对所有人都会作出比较一致的反应，不能将他们进行区分，对特殊的人（如亲人）没有特别的反应，喜欢所有人，喜欢听到所有人的声音、注视所有人的脸，看到人的脸或听到人的声音都会微笑，手舞足蹈。刚出生时，他们用哭声唤起别人的注意，似乎他们懂得，成人绝不会对他们的哭置之不理，肯定会同他们进行接触。随后，他们用微笑、注视和咿呀语同成人进行交流。这时的婴儿对于前去安慰他的成人没什么选择性，同时所有人对婴儿的影响也是一样的，他们与婴儿接触，如抱他、对他说话，都能引起他高兴、兴奋，都能使他感到愉快、满足。此时的婴儿还未有对任何人（包括母亲）有偏爱，所以这个阶段又叫无差别的依恋阶段。

第二阶段：有差别的社会反应阶段（3个月—6个月）。婴儿出生3个月以后，开始对熟悉的人有特殊的反应，能从身边人中区分出最亲近的人，并特别愿意和她接近。这时的婴儿也能够接受陌生人的注意和关照，同时能忍受同母亲的暂时分离，但是会带有一点伤感的情绪。这时，婴儿对人的反应有了区别，对人的反应有所选择，更为偏爱母亲，对母亲和他熟悉的人及陌生人的反应是不同的。这时的婴儿在母亲面前表现出更多的微笑、牙牙学语、依偎、接近，而在其他熟悉的人（如其他家庭成员）面前，这些反应则相对少一些，对陌生人这些反应就更少。但是此时婴儿对陌生人依然有反应，还不怯生。

第三阶段：特殊的情感联结阶段（6个月—2岁）。此时是婴儿依恋形成的重要时期。从六七个月起，婴儿对母亲的存在更加关注，特别愿意与母亲在一起，与她在一起时特别高兴，而当母亲离开时则哭喊，不让离开，别人不能替代母亲使婴儿快活。当母亲回来时，婴儿马上显得十分高兴。同时，只要母亲在他身边，婴儿就能安心地玩和探索周围环境，好像母亲是其安全的基地。这一切显示婴儿出现明显的对母亲的依恋，形成专门的与母亲的情感联结。与此同时，婴儿对陌生人的态度变化很大，见到陌生人，大多不再微笑，而是紧张、恐惧，甚至哭泣、大喊大叫。

第四阶段：目标调整的伙伴关系阶段（2岁以后）。2岁以后，婴儿能认识并理解母亲的情感、需要、愿望，知道她爱自己，不会抛弃自己，并知道交往时应考虑母亲的需要和兴趣，据此调整自己的情绪和行为反应。这时，婴儿把母亲作为一个交往的伙伴，并认识到她有自己的需要和愿望，交往时双方都应考虑对方的需要，并适当调整自己的目标。这时，婴儿与母亲空间上的邻近性逐渐变得不那么重要。例如，当母亲需要干别的事情，要离开一段距离时，婴儿表现出能理解，而不是大声哭闹，他可以自己较快乐地在那儿玩或通过言语、目光与母亲交谈，相信一会儿母亲肯定会回来。

父亲在场：不可或缺的父爱

有一位六年级的小朋友曾经给自己的爸爸写过一封信，在信中，他写道："自我记事起，就一直过着没有爸爸的生活。爸爸是长途客运司机，经常跑外地，平时我很少能见到他，因为每天我还没起床他就已经离开家，而等他晚上回来的时候，我早已经在梦中。好不容易到了周末，爸爸还是要工作，有时还一连好几天不回家。就连我的生日，爸爸都因工作忙而从没和我一起过过。儿童节那天，看着别的小朋友和他们的爸爸在一起开心的样子，我就恨我爸爸！虽然平时妈妈接我上学、放学，照顾我，但不知道为什么，我就想爸爸能多陪陪我。我想问问爸爸：难道地球离开你真的就不转了吗？我想向你借一天，陪我玩一次，长大后我会还你一百天，好吗？"

这封信表达了孩子对父亲缺乏陪伴的不满，更表达了孩子对父亲能陪伴自己的深切期待。父亲的陪伴对孩子的成长与发展具有重要的影响。

相关数据显示，我国有 40% 以上的孩子，童年时期都缺乏父亲的陪伴。很多父亲认为，他们对家庭和子女负责的方式就是为其提供良好的物质和生活环境，保障其物质和生活需求。但对于孩子来说，更在意的是父亲的陪伴。我们常常见到父亲因工作繁忙、不擅长与孩子沟通等原因而导致父子关系僵化。良好的父子关系是保证孩子健康成长的重要因素之一。父亲在引导孩子顺利进行社会化过程、塑造良好价值观、传递社会经验等方面有着重要作用。因此，父亲不能仅满足于保证家庭的物质需求，更应该关注如何满足子女在情感等其他方面的需求，与子女建立起稳定、和谐的亲子关系。

克兰佩（Edythe M. Krampe）等人提出的父亲在位理论认为，父亲在位是指父亲对于孩子的心理亲近性和可触及性，是孩子对父子关系的主观感受。让子女感受到父亲的爱，是建立良好父子关系的非常重要的一环。

小明爸爸平时工作非常忙碌，经常加班或出差，家里的家务和孩子的教育主要由妈妈负责。妈妈掌控家里的一切，小明想吃啥，找哪件衣服，找妈妈都能解决。即便有时候爸爸准时下班回家，吃完饭，他就坐在沙发一角，沉默不语，不是玩手机，就是看电视。小明缺少与爸爸交流的机会，常常感到孤单与无助。对于小明的学习，妈妈非常重视，但爸爸却很少参与，由于缺乏爸爸的协助和支持，妈妈也很难在教育中取得理想的效果。小明在学习和生活中缺乏安全感，情感发展也受到很大影响，表现出焦虑、胆怯、沉默等问题。

由上述案例我们可以发现，父亲在孩子的成长过程中参与程度不足，便会出现父亲缺位的情况，而父亲缺位并不仅仅意味着父亲与孩子共处的时间不足，还意味着父亲与孩子之间很少有互动，也很少有交流。长此以往，父亲在孩子成长过程中的角色功能便没有得到很好发挥，也很难让孩子感受到父爱。

记下你的心得体会

79

那么，父亲怎么做才能让孩子感受到父爱，实现父亲在位呢？

第一，尊重孩子。父母生育了孩子，给了孩子生命，但并不意味着父母包办或控制孩子的一生。有些父母因为生育了孩子，便可能在心中形成一种优势：我生你、养你，你是我的，你就得按照我的要求、我的希望去做……因此，从表面上来看，他们对待孩子就像对待小皇帝或者小公主，但是，在心里却并不一定会承认子女的平等地位和自由选择的机会与自由。这些传统的思想导致传统的父亲更倾向于教育孩子遵循家族传统和社会规范，忽视了孩子的个性和特长，甚至可能采用简单粗暴的方式来与孩子相处，给孩子的身心发展带来了不利的影响。要避免简单粗暴，就要用更有智慧的方法来对待孩子成长过程中出现的问题，首先要做到的就是尊重孩子，即尊重孩子的未成熟状态，尊重孩子的选择权利与犯错误的权利。

第二，善用沟通。如何与孩子进行沟通？很多父亲可能都遇到过孩子敷衍对待，你问东他答西等沟通不顺畅的情况。沟通的前提是平等和尊重，与孩子交流时要有平等的态度，尊重孩子的想法和选择，即使孩子的想法和选择在大人看来不太成熟，也不要直接否定。孩子是独立的个体，当他们基于自身的经验与喜好提出想法时，作为父亲要予以重视，断然拒绝和否定只会让孩子与父亲之间关系紧张，从而出现拒绝与父亲沟通，任何事情都"反着来、对着干"的情况。父亲与孩子之间应该建立平等的关系，而不是单方面地支配与控制，尤其是当孩子表达出沟通的需要时，父亲要放下手中的事情，把注意力集中于孩子身上，多倾听孩子的心声，听懂孩子言语中的情绪，理解他们的行为，不要强迫他们做自己不喜欢的事情。

第三，平衡时间。网络上曾经做过这样一个调查：家庭成员中陪伴孩子最多的是谁？79% 的参与者选择了妈妈；选择爸爸的比例占 11%，排名第二；其余的选择了爷爷奶奶、姥姥姥爷。有 66% 的参与者表示，孩子曾抱怨父亲陪伴时间少；有 32%

的参与者表示，孩子从来没有抱怨过父亲陪伴时间少。可见，陪伴孩子少，是当前父子互动中的"主色彩"。如何平衡好工作和陪伴孩子之间的时间，是当前很多父亲的困扰。一周5天工作日需要早出晚归，周末可能要加班，很多父亲在时间分配上感到力不从心。其实，高质量的陪伴是平衡二者的方式之一，即在陪伴孩子的时间里，尽量避免处理工作相关的事情，保证全身心投入。例如，晚饭时，不接听工作电话或处理工作邮件；在假期带孩子旅行，积极参与孩子生活，尽可能多陪伴、多沟通；或者也可以和孩子做一个关于"亲子时间"的约定，并用文字的方式记录出来。例如，每周陪孩子看一场电影，每天陪孩子聊天的时间不低于15分钟，和孩子在一起时尽量不玩手机等。在工作之余对孩子表达关心、在孩子需要帮助时及时给予情感支持，传递经验，尊重孩子，以身作则等，都可以让孩子感受到父爱。

记下你的心得体会

【知识卡】

父爱对孩子身心发展的影响

父爱关系到孩子的体格成长与智力发育。和父亲接触多的孩子，体重、身高、动作等方面的发育都要好于那些较少和父亲接触的孩子，而且他们患有发育不良等疾病的概率也较低。这是由于父亲大多会和孩子进行一些户外活动或游戏，同时还爱和孩子一起做带有一定技术和需要一定体力的家务劳动。这些看似不起眼的小事，对孩子的影响却相当大。世界卫生组织研究发现，平均每天与父亲共处 2 小时以上的孩子，智商和情商更高。英国纽卡斯尔大学曾对 17 000名在 1958 年同一星期出生的婴儿进行长达半个世纪的跟踪调查。结果显示，较常与父亲相处的孩子日后比同龄人聪明，并易跻身高于父亲的社会阶层，这一优势在子女 42 岁前一直存在。这一差异的发生，主要与父亲的行为特点有关。孩子与父亲在一起时的操作、探索活动，能培养孩子动手操作能力和探索精神，继而激发孩子动脑，有创造意识，而这些又能促进孩子智力的发育。

父爱帮助孩子建立安全感与信任感。父亲是力量的代表，是强大的依靠，尤其对于年幼的孩子来说，父亲是他们心目中的英雄。孩子3岁后，父亲的角色变得非常重要。根据弗洛伊德提出的俄狄浦斯期来看，3—6岁左右的孩子有恋父或恋母情结。对男孩而言，这一阶段是与父亲"竞争"母亲的爱；对女孩而言，这一阶段是与母亲"竞争"父亲的爱。同时，这种竞争又不能太敌对，而且竞争也不能彻底实现。俄狄浦斯期的顺利过渡，需要孩子完成对同性父母的认同，把目标变成"找一个像母亲或者父亲这样的异性恋人"。更重要的是，在俄狄浦斯期初步品尝了竞争与合作后，一个孩子就可以进入到社会中，在家庭之外去学习更有张力的竞争与合作，而这个过程就是感知外在世界安全的关键时期。一个人只有感觉内在世界和外在世界都安全时，内心的安全感才能真正建立。

父爱有利于孩子形成良好的个性品质。父亲通常具有独立、自信、宽容等刚性的品质，孩子会在日常生活中模仿父亲的行为和性格特点。父亲与孩子交往的主要形式是游戏，父亲在和孩子游戏的过程中，与孩子亲密接触，孩子以一种活跃的和令人激动的行为方式与父亲互动，孩子喜欢这样的方式，喜欢这样的交往，慢慢地，孩子与父亲的游戏给孩子带来自信与快乐。在与孩子互动的过程中，父亲也以自身的行为引导着孩子形成良好的个性品质。心理学家闵尼（Mike Minnie）研究表明，一天与父亲接触不少于两小时的孩子，和那些一星期与父亲接触不到六小时的孩子相比，他们的人际关系更融洽，更具有进取精神和冒险精神。美国心理学家用30项社会行为指标对生活在没有父亲的家庭的儿童进行调查，也得出类似结论。他们发现，这类儿童普遍存在抑郁、孤独、任性与依赖等行为症状，并将这一行为症状称为"缺乏父爱综合征"。

由此可见，父亲对孩子的成长是不可或缺的，孩子的成长宛如一趟单行列车，不可逆，父亲错过了陪伴孩子成长的最佳时段，就是错过彼此最美好的时光。正如心理学家弗洛姆所说，父亲是教育孩子，向孩子指出通往世界之路的人。

夫妻关系：给孩子爱的港湾

一个人和他的原生家庭有着千丝万缕的联系，父母相处的模式就是孩子学习的模式。

——萨提亚

夫妻关系是男女双方基于合法婚姻结成的配偶关系，是一切家庭关系的起点和基础。一个家庭无论有多少种关系，最核心的关系都是夫妻关系。家庭中的夫妻关系就像盖楼房打的地基，决定了家庭整体结构是否稳固，各种关系是否和谐。

夫妻关系和睦有助于形成良好的家庭氛围，为孩子提供安全稳定的心理环境。孩子长期处在这样和睦的氛围中，能够感受到爱与被爱，易形成开朗、乐观、自信的性格。有研究发现，父母不和的家庭，孩子心理问题检出率为32%；离婚家庭，孩子心理问题检出率为30%；和睦家庭，孩子心理问题检出率为19%。父母在孩子年幼时离异，孩子通常会在性格方面趋于内向，甚至产生自卑心理。曾有一位母亲在回忆她的童年时说："我小的时候曾经问我爸爸，您给我的最好的礼物是什么？"爸爸想了想说："我给你的最好的礼物，就是永远爱你们的妈妈。"她一开始还不太懂爸爸的意思，后来在生活中逐渐体会到这句话的分量：爸爸爱妈妈，妈妈爱爸爸，是这个家庭能得到稳定和温暖最重要的原因。只有父母之间和谐有爱，才有更多的精力给孩子爱与关注，

记下你的心得体会

而当孩子获得父母的爱与关注时，孩子的内心就会充满安全感，这会让孩子更勇敢，并且更容易树立自信，也更懂得如何去爱别人。

夫妻关系的好坏会影响孩子对未来婚姻的认知。孩子在与父母相处的过程中，观察、学习与模仿父亲与母亲之间的互动模式，这对他将来与异性的交往模式和对待婚姻的态度产生影响。夫妻关系冷淡、不和谐，甚至时常爆发冲突，孩子的内心就会感到压抑，甚至会极度缺乏安全感。反之，如果父母之间恩爱幸福，孩子也会在无形中树立正确的婚姻观，将来在选择伴侣、对待感情方面也会更加成熟与理性。

小王从小生活在父母的争吵中，她的父母经常当着她的面打架，每一次都大打出手，并用最恶毒的话语互相攻击，家里的锅碗瓢盆不知道摔碎了多少。她听着父亲的怒骂，母亲的抽泣，心里只有一个念头：长大后，不要结婚。现在已经30出头的她仍然没有结婚的念头，因为她的父母动不动就吵架，妈妈天天在她面前抱怨，男人不靠谱。这让她对婚姻，只有怕，没有期待。

小王的父母可能并不明白，他们肆无忌惮地伤害彼此，给孩子造成的影响有多大。

除此以外，夫妻关系也会影响孩子心智与能力的发展。美国著名的脑神经科学家梅迪纳（John Medina）有一次在西雅图举办讲座时被一位父亲问道："我要怎么做才能让孩子长大以后考上哈佛大学？"梅迪纳果断回答说："回家好好疼爱妻子！"梅迪纳曾在接受采访时说，在美国，对学业成就的最佳预测指标，就是家庭情绪的稳定性，而家庭情绪的稳定性很大程度上取决于夫妻关系。

夫妻关系是家庭中最重要的关系，自然也是亲子关系最重要的保障。父母的行为和彼此之间的关系，成了孩子人生必读的第一本书，他们看着父母的背影长大，因此夫妻关系对孩子的影响深远。父母要先学会如何爱彼此，才能学会更好地爱孩子。

小结

1. 依恋理论认为，一个人生命最初与母亲的关系在很大程度上决定其今后能否获得快乐和幸福。

2. 依恋包括四种类型：安全型依恋、回避型依恋、矛盾型依恋和紊乱型依恋。安全型依恋是良好的、积极的依恋，而其余三种依恋则属于不安全型依恋，是消极的、不良的依恋。

3. 父亲在位是指父亲对于孩子的心理亲近性和可触及性，是孩子对父子关系的主观感受。让子女感受到父亲的爱，是建立良好父子关系的非常重要的一环。

4. 尊重孩子、善用沟通与平衡时间可以让孩子感受到父爱，实现父亲在位。

反思 · 实践 · 探究

"我爸啊，特别忙。"起初提起爸爸，三年级的航航还一脸笑容，但聊着聊着，眼睛却红了。

航航说："他的爸爸是一名会计，一周只有两天在家吃晚饭，其他时间总是醉着回家，有时候甚至他都睡着了，爸爸还没回来。"因为和爸爸相处时间很短，每次爸爸回家，航航总喜欢凑到爸爸跟前，可爸爸总是闷闷不乐，一副无精打采的样子。

上周，爸爸告诉航航一个好消息：他已经和叔叔约好，周末带航航和堂姐去游泳。航航特别开心，还专门去商场精心挑选了游泳圈。可后来爸爸突然告诉航航，周末要加班，不能去游泳了。"我心里特别难受，本来想忍着不哭，可眼泪还是掉下来了。"航航说。

后来，爸爸让航航和叔叔、堂姐一起去游泳，可是因为赌气，航航没去。"爸爸不讲信用也不是第一次了，他总说忙，让我懂事，但每次我还是忍不住哭。"航航说着，满脸委屈。

1. 航航对爸爸的期待是什么？爸爸该如何与航航沟通？
2. 妈妈怎么做可以帮助爸爸与航航建立起良好的父子关系？

有效的沟通让亲子
关系更有温度

构建和谐的亲子关系

【知识导图】

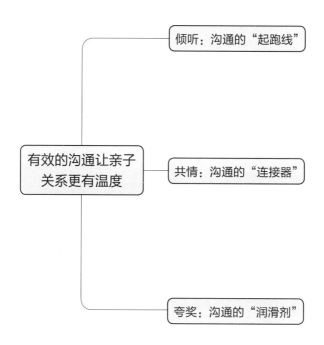

倾听：沟通的"起跑线"

小明放学回到家，很开心地对妈妈说："妈妈，我有个同学特别会打篮球，他今天比赛打得可好了！"妈妈恰好在收拾东西，便头也没抬地说："啊？你说什么？"小明继续说："今天我们班和二班打友谊赛，他一上场，开局就连进了五个球，一下子拿了十分。妈妈，你知道不？我后来问他为什么篮球打这么好，他说自己从大班开始就每天练习打篮球了，我打算接下去跟他一起打篮球呢！"妈妈说："哦，知道了。你今天作业写完了吗？这个同学的学习好吗？在你们班排第几名？"小明说："妈妈，你怎么不听我说话呀？讨厌，我再也不和你说话了。"妈妈说："我怎么没听……"

这样一段亲子对话，你感到熟悉吗？这可能是许许多多家庭每天都会发生的一幕。往往对话之后，孩子觉得"妈妈根本没有听到我在说什么"，而妈妈呢，却觉得莫名其妙，甚至觉得孩子有些无理取闹："我明明就在听啊！"于是，"听孩子说话"似乎变成一件有难度的事情。

很多父母可能会觉得自己不太会"说"，但好像"听"的能力还不错，于是便觉得纳闷，为什么还孩子感觉自己没有在听他们说话呢？其实，"听见"并不等于"倾听"。所谓倾听，是指父母放下自己持有的想法和判断，全身心地体会孩子的感受和需要，并给予回应的过程。正如繁体字"聽"的写法，左边是用耳朵听，右上是用眼睛看，右下用心感知，还需要带着认真、尊重的态度。只有多种感官共同参与的听才是倾听。倾听就要听出孩子的感受、需要和请求，而不是带着自己的评价、说教和建议等。虽然大家都能够听见，但未必都能够倾听。因为倾听是对孩子语言的解码和对孩子需求的看见，需要父母把自己当作孩子，站在孩子的角度去思考。

倾听不仅能满足孩子的心理需求，还能为父母全面地了解孩子提供帮助。美国心理学家法伯（Adele Faber）说："真正的沟通不是用言语表达，而是用心倾听。"对于孩子而言，爸爸妈妈通常是他们心中无法撼动的权威，当自己的感受、想法和建议能够被父母听到，这会给他们莫大的鼓励，尤其是当父母能透过孩子外在的语言和行为，针对孩子表现背后的感受和需求倾听孩子，设身处地理解孩子时，孩子就会感觉到安全与满足，从而安心地向父母敞开自己的心扉。此外，孩子通过表达，也释放了大量信息，包括自己的想法观念、兴趣爱好和情绪情感等信息，父母通过倾听能收集的信息越多，这也就意味着对孩子的了解越全面。

那么，父母该如何做到倾听呢？我们来看两个案例。

案例一：小黎放学回到家，对妈妈说："妈妈，今天小强打我，但我没有还手。"妈妈说："你一定想着自己要做个善良的好孩子，不能和他动手。善良的孩子怎么能动手打人呢？"小黎说："妈妈，我可没这么想，我只是觉得，我平时都打不过他，要是还手再被打可就惨了。"妈妈说："这孩子，你怎么能这么想呢？你肯定是逗妈妈玩的吧！你肯定不是这样想的！"

案例二：晚饭后，小汪想和爸爸聊聊

天，可爸爸却一边看电视一边用"嗯""啊"回应小汪，说了几句以后，小汪对爸爸说："爸爸，你根本不愿意和我聊天。"

从案例一的亲子对话中，我们可以发现，这位母亲并没有认真倾听孩子的表达，甚至对孩子如何看待这件事情、是什么想法让他决定不还手是持有不太认同的态度，并试图用自己的观点去定义孩子的想法。而案例二中的爸爸，虽然看上去也在听，但其实孩子的感受却是"爸爸，你根本不愿意和我聊天"，这会让孩子感到气馁。

倾听意味着要带着尊重的态度去听。换言之，父母要有"想听""耐心听""不带主观判断地听"的真情实感与态度。每个孩子都有自己的想法与感受，很可能与父母的想法与感受相差较大，或者虽然孩子当前的想法可能并不成熟，但却充满了创造力与想象力，值得父母去倾听和理解。因此，父母要做到倾听，就要做到想听孩子说，客观地、设身处地地听，不打断孩子说话，让孩子说完，避免"先入为主"。即便孩子的想法比较偏激，或者出现明显的错误，需要父母纠正，但也要建立在先倾听的基础上。需要注意的是，有时候孩子的表达，看似是观点，实则是情绪，他们会因为情绪还未平复而使用比较极端的语言表达出来，并不是自己真实的想法。这个时候，父母则要先无条件接纳孩子的情绪，再有条件引导孩子的行为。

倾听就是要"确认反应"地听。"确认反应"地听主要是指父母要用非语言的方式（如肢体语言回应孩子的表达）鼓励孩子把话说完。在与孩子的交谈中，父母要与孩子有目光交流，眼睛注视着他，把身体转向孩子，头和身体可以微微向前倾，孩子就会感受到父母对交流的投入状态，感受到父母在很用心地听。同时，父母在和孩子交流的时候，还可以采用微笑和点头的方式进行回应，因为这些动作都在表达："我在乎你，我想理解你，你想听你讲话。"孩子接收到这些信息以后，会更加乐意和父母交流分享。

倾听也要给予积极的反馈。倾听必须有反馈，反馈是亲子沟通中极其重要的环节，父母要在倾听中了解孩子的情绪、需求、观点等，站在孩子的角度给予回应，这样才能让孩子感受到来自父母的关爱。一般而言，积极的反馈包含三个方面：（1）穷尽。很多时候，在孩子的表达中包含大量的信息，甚至会含有多个主题，语言就像洪水一样夹杂着情绪和想法任意流淌。父母想要足够了解孩子，在倾听中要善于问："还有吗？"在孩子表达时使用"还有吗？"可以帮助孩子把所有想说的表达穷尽，帮助父母获取更多的信息。（2）确认。孩子的表达通常是无序的，而且常常是长篇大论，这就需要父母从孩子表达的海量信息中帮助孩子凝练出关键信息。然而，有时候父母听到的不一定时孩子真正想要倾诉的，因为每一个人由于生活经验、兴趣爱好等不同，对信息内容的敏感点也不尽相同。因此，可以采用复述加上总结的方式与孩子进行确认，即父母把孩子表达的语言尽可能地原样复述出来，不要添加、删减。可采用这样的句式："你的意思是说……""我理解……是吗？""你是想让我帮助你……"通过确认，可以收集到更加准确的信息，与孩子达成思想上的共识。

（3）询问。询问也是倾听中很重要的反馈方法，通过询问可以帮助父母更了解孩子。很多父母可能会说："我们在和孩子的交流中也常常会提问题啊？"然而，殊不知，很多父母的"问"在孩子眼里却是"质问"。例如："你为什么要这么做？""你怎么能这么做呢？"这些问题无疑阻断了沟通的进程，让孩子失去表达的欲望。因此，对于询问，要尽量少问"为什么"，多问以"什么""怎么""谁"等开头的问题。例如，当孩子说："妈妈，我再也不要和某某做朋友了。"妈妈可以问："发生了什么？可以和妈妈说一说吗？""是什么让你产生了这样的想法？"这样的提问方式，更像是一部寻求真相的探测器，一步步开启孩子对事件的记忆，打开沟通的渠道。

当孩子有沟通需求的时候，是父母倾听的最佳时机。一旦父母学会了倾听，便打开了有效亲子沟通的第一步，为建立良好的亲子关系提供了可能。倾听能让父母更好地理解孩子的想法和问题，也能让孩子感受到被父母尊重与接纳，鼓励孩子更积极地表达。

记下你的心得体会

【知识卡】

家庭功能理论：环状模式理论

奥尔森（David H. Olson）等人于 1978 年提出环状模式理论。该理论认为，可以用三个维度来描绘家庭功能，即家庭亲密度、家庭适应性和家庭沟通。

家庭亲密度是指家庭成员相互间的情感关系。具体包括：家庭成员间的情感距离、家庭成员共处的时间和空间、家庭成员在兴趣爱好或娱乐等方面的一致性，以及家庭决策方式等。这一维度可分为四级水平，从低到高分别是毫无联系、彼此分离、彼此联系和相互纠缠。其中，居中的两级水平表现为家庭成员之间的情感距离适中，既亲密又相互独立；低水平一端的表现为，家庭成员之间缺乏情感联系，彼此疏远，很少共同活动或娱乐；高水平一端的表现为，家庭成员过于亲密，彼此缺乏距离，角色区别不清，家庭成员的独立和个性需要很难得到满足。

家庭适应性是指婚姻或家庭系统为了应对外在环境压力以及婚姻或家庭的发展需要而改变其权势结构、角色分配或联系方式的能力。具体包括：各成员对家庭的自豪和满意程度，家庭成员协商合作、共同处理问题的能力，家庭内部有关角色分配和角色联系的规则等。这一维度也可分为四级水平，从低到高分别是：混乱、灵活、有组织和刻板。灵活和有组织的家庭适应能力很强，有较好的内部组织性，能根据情境需要灵活调整家庭内部关系并进行有效反应；混乱的家庭缺乏组织性，各家庭成员角色分工不明确，成员之间缺乏协调与合作；刻板家庭过分拘泥于既定规则和行为模式，难以根据情境需要作出不同反应，灵活性差，父母专制型家庭往往属于刻板这种类型。

家庭沟通被看作一个具有推进作用的因素。积极的沟通技能，如倾听、同情、支持性言语等，能促进家庭成员在感情和信息等方面达成相互理解，并提高家庭应对环境变化的能力。消极沟通方式，如模棱两可、双关语、批评抱怨等，会降低家庭成员分享情感和信息的能力，阻碍家庭对环境变化作出适宜反应。

根据家庭亲密度和家庭适应性的程度，可以将家庭分为16种类型。其中，在这两方面均表现为中等程度的4类家庭属于平衡型家庭，即适应良好的健康家庭；在一个方面表现为中等程度，而在另一个方面表现为极端程度的8类家庭属于中间型家庭；在两个方面均表现为极端程度的4类家庭属于极端型家庭，这类家庭及其成员常常出现适应不良等问题。一个家庭属于哪一类型，并不是固定不变的。随着家庭构成的演变，家庭成员的成长，以及意外事件的影响，家庭亲密度和家庭适应性会出现有规律的变化。一个家庭可能从一种类型转化为另一种类型。相关临床研究表明，在家庭亲密度和家庭适应性方面表现出极端特征的家庭，尤其是亲密度极度匮乏、家庭角色混乱、无稳定规则的家庭，特别容易出现家庭成员离家出走或患心身疾病、子女行为不良等适应不良现象。

共情：沟通的"连接器"

希望被他人理解、接纳、认同、支持和关爱，是人普遍的心理需求，孩子也十分渴望能够得到父母无条件的理解、接纳、认同、支持和关爱。共情是亲子沟通中一个非常重要的方法。

共情之所以重要，是因为在亲子沟通中，常常存在着一道"天然屏障"，即情绪。先来看一个例子：8岁的亮亮"砰"的一声踹开了门，气冲冲地从外面回到家。妈妈赶紧询问："你这是怎么了？"亮亮暴怒地喊叫："我要把明明赶出小区，再也不和他玩了！"妈妈说："至于这么生气吗？好朋友在一起就要好好玩嘛！"亮亮的嗓门更大了："我就是不跟他玩啦！再也不玩了！""昨天不是才跟你说，要和小朋友和睦相处吗？你不能这么做，你想想，你不跟明明玩，他该有多难过……"妈妈还在努力地劝导亮亮。"我不听！"亮亮用手捂住耳朵，使劲摇头，继续大吼，"我不要听你说话。"从这个场景中，我们可以看到，这位母亲面对孩子的问题试图在沟通，她说的话也看似很正确，可是孩子却拒绝沟通，到底是什么阻碍了他们之间的沟通呢？也许你已经感受到，阻碍他们沟通的正是情绪。很显然，明明还处于愤怒的情绪中，母亲却已经开始在讲道理了。孩子正在被情绪裹挟，又怎么可能听得进这些道理？因此，许多父母的亲子沟通之所以会不顺畅，很多时候是因为情绪的阻隔。孩子的情绪会影响他的思考和表达，进而增加父母倾听与理解的难度，因此

记下你的心得体会

父母必须暂时放下要解决的问题，先把注意力集中在孩子的情绪疏导上，再寻找解决问题的方法。

共情，也称为同理心，是由美国人本主义心理学家罗杰斯（Carl Rogers）提出的，具体指在与他人交往中，能够理解对方的情感、感受到对方的情感并作出回应。在亲子沟通中，共情则指父母能够从孩子的言行中感受到孩子的情绪，并能够站在孩子的角度将心比心，体验孩子的内心世界，理解孩子的心理感受，把同情和感受表达给孩子，让孩子接收到来自父母的理解、接纳、支持和尊重的反馈信息，进一步加深亲子之间的感情，促进亲子之间的沟通。

共情通常具有三个基本要素：理解、关注、回应。理解是共情的第一要素，指在交往中，抱着开放、专注和耐心的态度了解对方的背景和经历，理解对方的情感和想法。关注是共情的第二要素，指在交往中，细心观察对方的言行举止，带着真诚和温暖表达并让对方感知自己的关心和关注，尽可能满足对方的情感和需要。回应是共情的第三要

记下你的心得体会

素，指在交往中，保持积极主动，通过对对方言行举止的回应，表达对对方情感和需要的理解和支持。

具体而言，在亲子沟通中，父母要做到共情，就要尝试做到以下三步。

第一步，识别孩子的情绪。情绪大多是通过非语言信息来传递的，尤其是对于孩子，他们更容易通过身体语言来表达情绪。我们来看以下三个孩子的表现。孩子 A 说："妈妈，今天同桌欺负我，我可想打他了，可是我忍住了，没打他。"孩子 A 一边说一边抬着头，声音响亮，眼里有光。孩子 B 说："妈妈，今天同桌欺负我，我可想打他了，可是我忍住了，没打他。"孩子 B 一边说一边低着头，声音越来越小，眼睛有些泛红。孩子 C 说："妈妈，今天同桌欺负我，我可想打他了，可是我忍住了，没打他。"孩子 C 紧握着拳头，声音响亮，眼睛瞪得圆圆的，牙齿咬在一起。发现了没有？同样的一句话，三个孩子的表情、动作不一样，传递出来的情绪也是不同的。孩子 A 可能在为控制住了自己的冲动行为而感到自豪；孩子

B 可能为欺负而没有还手感到委屈；孩子 C 可能为自己受到欺负而感到愤怒。因此，父母在和孩子沟通的时候，切忌先入为主，不妨先观察孩子的表情、动作，聆听他们的语气，这样更能帮助自己捕捉到孩子的情绪信号。

第二步，体会相同的情绪。 当父母识别了孩子的情绪信号以后，可以尝试着回顾自己经历同样情绪时的体验，问问自己，如果我遇到同样的事情，我的情绪是怎样的？我会有怎样的身体反应？这样的觉察能帮助父母更细致入微地体验孩子此时此刻的情绪状态，与孩子产生情绪上的共鸣，与孩子达到心与心的连接。因此，共情是建立在自我情绪感知的基础之上的，只有对自己的情绪有敏锐的识别与觉察能力的父母才更容易共情孩子。这也就意味着，想要更好地与孩子共情，父母对于自身每次经历的喜怒哀乐都要放开去体验，因为父母积累的情绪体验都可能是未来和孩子建立深度情绪链接的资源。

第三步，进行情绪反馈。 在识别和体验

記下你的心得体会

了孩子的情绪以后，父母还要将自己对孩子情绪的理解表达出来，让孩子感受到被父母接纳，这是一个情绪反馈的过程。一方面，父母可以通过分享自己曾经的经历、感悟和体验或一些与孩子所处情境联系较紧密的具体事情或物品，促成自己与孩子在情感上的共鸣；另一方面，父母也可以用言语或非言语的方式进行回应。在回应的过程中，尽可能让孩子感受父母的关心和理解。可以直接给孩子的情绪"命名"，当孩子大哭大闹的时候，可以说："我感到你很生气。""我感到你有些着急。"帮助孩子把情绪表达出来，孩子可能会立马安静下来。之所以会这样，是因为此刻孩子需要切换状态，审视、分辨自己的情绪，而只要孩子从原先的状态跳出来，就远离了"情绪屏障"。这里需要注意的是，父母千万不要说"你别生气，你别着急"。因为这是在否定孩子的情绪，无法让孩子感觉到自己被看见了，因此，一定要使用正向的语言给孩子以正面的回应，当然也要尽可能避免批评、指责或者反驳孩子。

記下你的心得体会

夸奖：沟通的"润滑剂"

作家三毛在《一生的战役》里曾经写道："对我来说，一生的悲哀，并不是要赚得全世界，而是要请你欣赏我。"这里的"你"指的是三毛的父亲。后来三毛的父亲看到了这篇文章，很感动，写道："很感动，深为身边有这样的小草而骄傲。"三毛泪流满面，回道："等你这句话，我等了一生一世，直到今天你亲口说出来，才抹去了我在这个家庭永远抹不掉的自卑和心虚。"

与作家三毛一样，许多孩子可能因为小时候得不到父母的认可，终生都在渴求着父母的认可。但不是每一个孩子都能像三毛一样坚强，他们可能会迷茫、彷徨。希望得到父母的认可，是孩子的本能。

在孩子的成长中，对自己的认识、评价发挥着重要作用。如果他们感到父母认为他们有能力、信任他们，那他们也认为自己是有能力的，是值得信任的，他们就能建立起应有的自尊，使自己有热情为做得更好而努力。如果父母认为他们能力低下、不学好、无可救药，他们也会从父母这面镜子中看到自己令人沮丧的形象，从而也认为自己能力就是不如别人，那么他们就不能确立应有的自信与自尊，难以确立充分的自我价值感，甚至会放弃积极的努力。尤其是，人在3岁之前还没有清晰的"我"的概念，直到7岁后才渐渐有自我评价的雏形。因此，3岁至7岁这个阶段，基本上大人说孩子是什么，孩子就认为自己是什么。如果父母经常鼓励、夸奖孩子，会让孩子觉得"我能行"，同时也会坚持好的行为；如果父母经常否定孩子，则会让孩子从小有"我笨，我做不到"的自我暗示，能力的提高将受到阻碍。任何一个人，对肯定的渴望和心理需要大大超过对否定的渴望和心理需要，因而夸奖会使孩子获得愉快的心理体验，产生激励作用。

正确的夸奖才能成为孩子成长进步的动力。在现实生活中，我们常常会听到父母这样"夸奖"孩子："我的孩子很聪明，就是不努力。"或许在许多家长的心目中，这句话能够激励孩子不要放弃，去更好地努力，但是对于孩子来说，这样的夸奖到底有没有用呢？

　　斯坦福大学的发展心理学家德韦克（Carol Dweck）及其团队，曾经做过这样一个实验：他们将纽约 20 所学校，400 名五年级的学生随机分成 A、B 两组，让他们进行拼图测试，前后一共进行了 3 轮测试。在第一轮测试中，研究人员准备了一组简单的拼图，然后让所有的孩子分别完成。因为拼图非常简单，所以很快所有的孩子都出色地完成了任务，并得到一个分数。研究人员在告诉他们分数的同时，附赠 A、B 两组孩子不同的表扬方式。对于 A 组孩子，研究人员给予一句关于智商的表扬，比如："你很聪明，刚才拼得非常快。"而对于 B 组孩子，研究人员给予一句关于努力的夸奖，比如："我看到你刚才拼得很认真、很努力，所以你的成绩很出色。"随后进入第二轮测试。在第二轮测试中，研究人员准备了两种不同难度的拼图，让孩子自由选择完成哪一个。在孩子们自由选择后，统计发现，在上一轮测验中被夸奖努力的孩子，有 80% 选择了

記下你的心得体会

难度相对较大的拼图任务；而那些被表扬聪明的孩子，大部分选择了相对简单的任务。第二轮测试完成后又进行了第三轮测试。这次所有的孩子都参加一个难度的拼图测试，但是难度相对较大。实验结果可想而知，大部分孩子都失败了，但是在解题的具体细节上，A、B两组孩子却有着很大的不同。A组孩子，也就是被表扬聪明的那组孩子，他们经过几次尝试后，就选择放弃了；而B组孩子，也就是被表扬努力的那组孩子，他们一直努力尝试完成任务。

德韦克认为，在人们的认知中，聪明是一种天赋，一出生就决定了，后天无法改变，而努力却是自己可以掌控的，是一个过程。被称赞聪明的孩子，等于给孩子贴了聪明的标签，而孩子为了保持聪明的形象，也就尽可能地不犯错。因此，在选择任务时，他们更愿意选择那些简单的任务来保证自己的成功率，维护自己的聪明形象。而当他们面对问题时，如果解决不了，他们会归因为自己"不够聪明"，而聪明是固定的，他们无法超越，因此也就轻易放弃了。而那些被

记下你的心得体会

111

夸奖"努力"的孩子，他们更注重"努力"的过程，相信只有不断努力才能得到成功，因此不会轻易放弃，会努力尝试用各种方法来解决难题。因此，作为父母，在与孩子沟通交流中使用"表扬"这一技术时，也要注意"重过程、轻结果"，表扬孩子的天赋固然可以增强孩子的自信，但却可能会导致孩子忽视后天努力，而表扬孩子努力的过程，则可以在一定程度上增强孩子的控制感，让孩子形成重视过程的认知，明白通过努力、勤奋可以实现自己的目标，获得真正的成功。

【小贴士】

方法用对了，夸奖才有效

日本著名教育家铃木镇一说过："对孩子的赞美和赏识不是无原则的，而应该是运用科学的、适用的方法，使孩子切实受到深入人心的鼓舞。"这也就意味着夸奖孩子也要讲究方法。

第一，陈述事实。当孩子有对的、好的行为时，父母需要明确告诉他，什么地方做对了，什么行为值得肯定和欣赏。那么，孩子便能明确地知道自己哪些地方做得不错，下次就可以继续坚持下去。

第二，表达感受。当你对孩子的好行为感到高兴或自豪时，一定要表达这种感受。这是推动孩子前进的动力。例如："你这样做，妈妈特别开心。"或者说："你能考这么高的分数，妈妈为你感到骄傲。"

第三，不要将期望含在夸奖里。夸奖孩子到"表达感受"这一步其实就够了，但是很多父母在夸奖孩子的时候，很容易把自己的期望带进夸奖里，再加上一句："孩子，你这次考了100分，妈妈很高兴，希望你能继续保持。"或者说："希望你继续努力啊，争取下次能够考得更好。"这会给孩子什么感受呢？当父母的表扬中表达了期望的时候，孩子的内心是有压力的，所以说肯定就单纯地肯定，夸奖就单纯地夸奖，只要把自己看到的事实和内心的感受如实地表达给孩子，让孩子知道父母因他而骄傲和自豪就够了。

当然，在表扬孩子的同时，父母如果能够拥抱孩子、拍打孩子的肩膀或轻抚孩子的头发，那么表扬效果会倍增，因为身体接触能让孩子直接感受到父母传达的关爱。

【知识卡】

亲 子 冲 突

　　冲突是关系的必然产物，父母与孩子之间的亲子冲突也是非常常见的。亲子冲突主要来源于以下三个方面。

　　第一，意见分歧。每个人都有自己的逻辑，也有自己认知和处事方式，即使大家的目标相同，但实现这个目标的路径却可能完全不同。因此，产生意见分歧是生活的常态。例如，孩子放学回家，妈妈认为孩子应该先写作业再休息，而孩子则感觉上学很累，应该先休息再写作业。当双方各执己见时，冲突就产生了。

　　第二，沟通不畅。沟通不畅也会导致亲子冲突。父母和孩子之间缺乏有效的沟通方式和机会，容易导致产生误解和矛盾。例如，父母可能认为孩子玩电子游戏浪费时间，而孩子却认为这是一种放松和娱乐的方式。这时，双方已经存在意见分歧，如果父母不愿意倾听孩子的想法和意见，而孩子也不愿意主动表达自己的需求，那么因此而产生的沟通不畅则容易导致亲子冲突。

　　第三，权利之争。随着孩子慢慢长大，他们的自主性逐渐增强，越来越希望能够自主地决定一些事情，拥有为自己和家庭担当的权利感。而父母一直以来都占据着家庭的主导地位，权威性不容置疑。因此，有时候"谁说了算"可能就会成为亲子间冲突的主要来源。

亲子冲突概括起来可以分为以下三种类型。

第一，言语冲突。语言冲突主要是指父母和孩子之间因为在认知、情感和思想上的分歧和矛盾，在言语上产生的激烈对抗。言语冲突主要表现为相互争吵，甚至恶语相向，往往孩子是言语冲突的主要发起者。

第二，行为冲突。行为冲突是比言语冲突更为激烈的冲突，表现为拳脚相加，甚至用物体进行攻击。行为冲突一般是父母在教育孩子的过程中，因达不到预期的教育效果而表现出来的一种不理智的行为。

第三，隐性冲突。亲子之间除了言语冲突和行为冲突外，还存在隐性冲突。隐形冲突就是通常说的"冷暴力""冷战"等。一般来说，在隐性冲突中，孩子表现为逆反、回避、自闭甚至离家出走等。

研究表明，亲子冲突频率与青少年行为不良和行为障碍存在一定的关系，所以家长必须重视亲子冲突问题，理性应对亲子冲突。树立正确的教育观念，根据孩子的身心发展特点，对他们进行科学、有计划的教育。尊重孩子，转变观念，与孩子平等相处。为孩子创设和谐的家庭成长环境，学会倾听，加强和孩子之间的情感交流。努力提高自身的素质。亲子冲突不一定是坏事，它可以让家长反思自己在教育孩子过程中的不足，家长处理得当，亲子冲突就会得到缓解，甚至消除，孩子健康发展和家庭幸福也必将实现。

小结

1. 所谓倾听，是指父母放下自己持有的想法和判断，全身心地体会孩子的感受和需要，并给予回应的过程。

2. 倾听需要带着认真、尊重的态度。只有多种感官共同参与的听才是倾听。倾听就要听出孩子的感受、需要和请求，而不是带着自己的评价、说教和建议等。

3. 共情，也称同理心，由美国人本主义心理学家罗杰斯（Carl Rogers）提出，具体指在与他人交往中，能够理解对方的情感、感受到对方的情感并作出回应。

4. 共情通常具有三个基本要素：理解、关注、回应。

5. 识别孩子的情绪、体会相同的情绪与进行情绪反馈是亲子沟通中实现共情的三个步骤。

6. "重过程、轻结果"，正确的夸奖才能成为孩子成长进步的动力。

7. 夸奖需要讲究方法，先陈述事实后表达感受，切忌将期望包含在夸奖里。

反思·实践·探究

从前，有两个7岁的男孩子，一个叫李明涛（化名），一个叫张小远（化名）。他们的妈妈都非常爱他们，但两个孩子每一天的开始是不同的。

每天早上，李明涛醒来后听见的第一句话是："快起来啦，李明涛！你上学又要迟到了。"李明涛从床上爬起来，穿好了衣服，然后去吃早餐。妈妈说："你的鞋呢？你打算光脚去学校吗？看看你穿的衣服！蓝毛衣和绿衬衣配在一起太难看了。李明涛，你的裤子怎么了？都撕破了。我要你吃完饭去换条裤子。我的孩子不能穿破裤子去学校。倒果汁要小心，别又倒洒了。"李明涛倒果汁，不小心倒洒了。妈妈气呼呼地一边擦果汁一边说："真拿你没办法。"李明涛自己嘟囔了一句。"你说什么？"妈妈立刻问道，"又嘟嘟囔囔的。"李明涛默默地吃完早饭，换好裤子，穿上鞋，拿上书包，上学去了。他妈妈在后面喊道："李明涛，你又没带饭盒就走了。我看要不是脑袋长在你身上，你连脑袋都会忘了。"李明涛回来拿起了饭盒，又要出门，这时妈妈提醒他说："今天上学一定要听老师的话。"

张小远住在李明涛家的对面。每天早上张小远醒来后听见的第一句话是："张小远，7点了。你想现在起来还是再躺5分钟？"张小远翻了个身，打了个哈欠，说了句："再躺5分钟。"过了一会儿，张小远穿好了衣服，然后去吃早餐。妈妈说："嗨，你都穿好了。就剩下鞋了。哦，你的裤子有个地方开线了，看样子整条线都要开了。你看是想站好让我帮你缝上，还是去换一条？"张小远想了一下，说："我吃完早饭去换。"然后他坐下来，给自己倒果汁，不小心倒洒了一点。"抹布在水池子里。"妈妈一边继续为张小远准备午餐一边扭过头说。张小远去拿来抹布，擦干了洒掉的果汁。张小远吃着早餐，母子俩又聊了一会儿。吃完后，他去换了裤子，穿上鞋，拿上书包，去上学了，没有带他的午餐。妈妈在后面喊道："张小远，你的午餐！"他跑回来拿了午餐，谢了妈妈。妈妈把饭盒递给他，说了句："再见，路上小心。"

李明涛和张小远在同个班级读书，这天老师告诉大家："孩子们，你们知道，下周我们就要演出了。我们需要同学画一个色彩鲜艳的欢迎牌子，挂在教室的门口。演出结束后，我们还需要同学为我们的来宾倒柠檬汁。最后，我们还需要有同学到其他三年级的班上，做一个简短的演说，邀请他们来观看我们的演出，并告诉他们演出的时间与地点。哪位同学愿意帮忙？"有些孩子立即举起了手，有些孩子迟疑不决地举起了手，有些孩子根本没举手。

1. 请大家猜一猜：李明涛会不会举手去自愿报名帮忙呢？张小远呢？

2. 李明涛和张小远与自己的妈妈之间的沟通有什么不同之处？您觉得哪种亲子沟通方式更合适？为什么？

3. 您觉得孩子对自己的评价与他们勇于接受挑战或勇于面对失败的心态之间有什么关系？